「シーケンス制御」のキホン
井出萬盛　ソフトバンク クリエイティブ株式会社 2010

著 者 简 介

井出万盛

1951年出生于日本长野县。现在为湘南工科大学及其附属大学的外聘讲师。电气学会正式会员,日本自动装置学会正式会员。著作有『「モータ」のキホン』(SOFTBANK Creative),『全方向へ思いのままに ボールで動くロボットの製作』、『録音再生 ICを使った おしゃべりロボットの製作』(Power 社)『図解入門 よくわかる最新モータ技術の基本とメカニズム』(秀和 System) 等。爱好是安第斯音乐(民谣)、无伴奏演奏、小溪垂钓红点鲑等。

坂本纪子(Design Studio Palette)

美术指导。

野边 Hayato

封面绘图。

保田大介　石仓麻妃　红谷桃衣　高山真季子(株式会社 Jolls)

文内插图。

打开世界的遥控器：解密顺序控制

〔日〕井出万盛/著
单 美 玲/译

科学出版社
北 京

图字：01-2011-4285 号

内 容 简 介

在我们生活的世界中，各种各样的事物和现象，其中都必定包含着“科学”的成分。“形形色色的科学”趣味科普丛书，把我们生活和身边方方面面的科学知识，活灵活现、生动有趣地展示给你，让你在畅快阅读中收获这些鲜活的科学知识！

日常生活中不可缺少的洗衣机、空调，工业生产线上的自动化设备，高楼大厦里的电梯，十字路口的交通信号灯……带有自动控制功能的机器，就像现代社会的各种遥控器，在各个领域发挥着它们的作用。本书详细介绍了自动控制概要、顺序控制原理、电能和电信号的传递、电磁继电器、半导体、微型计算机等知识。你一定会喜欢上这个精彩纷呈的“控制世界”！

本书适合青少年读者、科学爱好者以及大众读者阅读。

图书在版编目(CIP)数据

打开世界的遥控器：解密顺序控制/(日)井出万盛著；单美玲译.
—北京：科学出版社，2011 (2019.5重印)
(“形形色色的科学”趣味科普丛书)
ISBN 978-7-03-031900-5

Ⅰ.打… Ⅱ.①井…②单… Ⅲ.顺序控制-普及读物
Ⅳ.TP273-49

中国版本图书馆 CIP 数据核字(2011)第 144361 号

责任编辑：王 炜 赵丽艳 / 责任制作：董立颖 魏 谨
责任印制：张 伟 / 封面设计：柏拉图创意机构
北京东方科龙图文有限公司 制作
http://www.okbook.com.cn

科学出版社 出版
北京东黄城根北街 16 号
邮政编码：100717
http://www.sciencep.com
北京虎彩文化传播有限公司 印刷
科学出版社发行 各地新华书店经销
*
2011 年 8 月第 一 版 开本：A5(890×1240)
2019 年 5 月第三次印刷 印张：6
字数：166 000

定 价：45.00 元
(如有印装质量问题，我社负责调换)

丛 书 序

拥抱科学，拥抱梦想！

伴随着20世纪广域网和计算机科学的诞生和普及，科学技术正在飞速发展，一个高度信息化的社会已经到来。科学技术以极强的渗透力和影响力融入我们日常生活中的每一个角落。

“形形色色的科学”趣味科普丛书力图以最形象生动的形式为大家展示和讲解科学技术领域的发明发现、最新技术和基本原理。该系列图书色彩丰富、轻松有趣，包括理科知识和工科知识两个方面的内容。理科方面包括数学、理工科基础知识、物理力学、物理波动学、相对论等内容，本着“让读者更快更好地掌握科学基础知识”的原则，每本书将科学领域中的基本原理和基本理论以图解的生动形式展示出来，增加了阅读的亲切感和学习的趣味性；工科方面包括透镜、燃料电池、薄膜、金属、顺序控制等方面的内容，从基本原理、组成结构到产品应用，大量照片和彩色插图详细生动地描述了各工科领域的轮廓和特征。“形形色色的科学”趣味科普丛书把我们生活和身边方方面面的科学知识，活灵活现、生动有趣地展示给你，让你在畅快阅读中收获这些鲜活的科学知识！

愉快轻松的阅读、让你拿起放不下的有趣科学知识，尽在“形形色色的科学”趣味科普丛书！

出场人物介绍

 **青蛙：跳跳**

本书的主角。擅长制作各种小玩意儿，对任何事物都抱有浓厚的兴趣。渴望着将来亲自制造出具有划时代意义的产品。

 **向　导**

老师

说起自动装置，没有胜过他的专家。虽然外表常被人说像，但本人看起来喜形于色。特别擅长思考自动控制的构造。

自动装置小伶

老师制作而成的，实际上是人工智能的小伶。爱好茶道，适合穿和服是这个缘故吗？讨厌思考困难的事情，希望做事情简便。

前　言

围绕顺序控制的环境在这半个世纪之间发生了很大的变化。一个是因为半导体技术的进步，通过半导体可开闭电气电路。另一个是微型计算机的出现。

40年前的顺序控制是以电磁继电器开闭电气电路为主流。那个时期，基于半导体的无触点继电器被开发出来，且迅速地引入到顺序控制中。而且，微型计算机的出现使小型轻量的顺序控制器得以实现，进而发展到引用到家电产品。现在，无触点继电器或微型计算机内置的PLC(可编程逻辑控制器)活跃在新的机器里。

说顺序控制的技术实际上被浓缩在微型计算机中也不为过。微型计算机是考虑顺序时必不可少的存在。最近微型计算机用的程序可简单地形成，实现了低价格的PLC。而且，顺序控制不仅是应用在自动装置或生产线等产业界，在身边的场所也会看到很多，如自动贩卖机或自动洗衣机、电灶或电饭锅等。

顺序控制中，有使用电磁继电器的电力领域与使用微型计算机或个人计算机的电子电路或软件领域，掌握两个领域后才可以看到全局。本书使用电磁继电器或逻辑电路来讲解顺序控制的基础，对基于半导体的顺序控制的技巧进行思考，且对使用微型计算机的顺序控制进行讨论。最后也介绍基于PLC的控制技术的基础。也就是说，从顺序控制的实务基础到微型计算机或PLC的基础技术，广泛的视点进行捕捉且整理，从而可把握顺序控制的概要。

如果本书能够被各位年轻技术人员用作拥有新目标的入门书来有效利用，我会感到幸福。而且，本书如果有助于磨炼制作的感性，没有比这更令人愉快的事情了。

井出万盛

解密顺序控制

目录

第1章 自动控制的概要与顺序控制

第2章 电气能量的传达与电气信号的传达

第3章 电磁继电器构成的顺序控制基本电路

第4章 基于电磁继电器的顺序控制的实际情况

第5章 基于半导体的顺序控制的基本电路

第6章 微型计算机与顺序控制

自动控制的概要与顺序控制

本章要思考的是关于机械的自动控制，通过几个身边的自动控制的举例来理解“顺序控制”是怎样的控制。

001 机械的自动操作称为自动控制

人类是拥有以**五感**（视觉、听觉、嗅觉、味觉、触觉）为代表的感觉器官的动物，同其他生物一样，从周围环境中不断获取信息并对此进行判断从而采取行动。人类拥有的五感非常出色，能够以获取的信息为基础进行深度分析（适应情况的计算与推论），做出正确的判断并基于此采取复杂的对策。但是，人类也有很多不擅长的部分。例如，人类不能使出超出体力的力量，无法进行精密与快速的作业，也疲于应付一直反复重复的作业。

在这一点上，只要机械有动力就可以默默地重复相同的作业。将人类不擅长的作业交给机械正是机械自动操作的开始。

例如，想烤面包的时候，使用烤面包器（电热器）或电炉就可以边观察烤的状况来烤制面包。但这只不过是人类在**利用机械**。可汽车的驾驶是怎样的呢？汽车的驾驶是开动发动机、操作方向盘并用齿轮来调节速度和力量。通过驾驶汽车，人类的高速移动成为可能，并可以发挥出巨大的力量来运送大量的货物。这些并不仅是人类在利用机械，可以说人类在**控制机械**。

在刚才的烤面包器的例子中，装入面包接通开关，面包就会自动烤制好。这可以将其考虑为人类观察烤制状况的部分被**自动化**了。同时，打开汽车的电动窗开关，窗玻璃就会自动打开并最后停止。这可以将其考虑为手摇打开的部分被自动化了。机械这种能够自动完成人类进行的操作或作业的情况称为**自动化**或**自动控制**。

要点 CHECK!

- 自动控制并不是单纯地利用或控制机械，而是指自动地控制机械

图1 机械的利用与控制

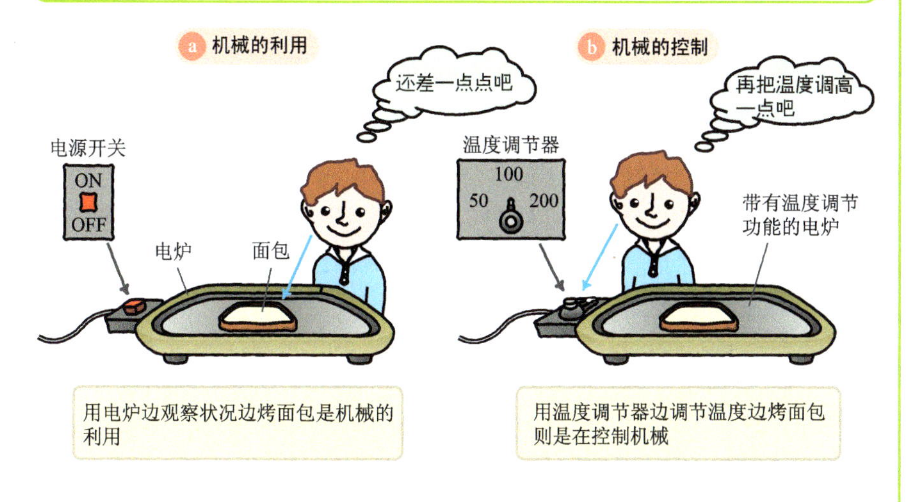

用电炉边观察状况边烤面包是机械的利用

用温度调节器边调节温度边烤面包则是在控制机械

c 汽车的驾驶

汽车能够做到人类无法做到的高速移动和运输大量货物

图2 所谓机械自动化（自动控制）

只要设置时间并按下控制杆，之后它会自动烤制好面包，所以观察烤制状况的过程被自动化了

002 自动控制中有开路和闭路

关于**自动控制**，我们再来更详细点的看一下。所谓自动控制广义来说一般就是"对对象按照目的或目标加以操作（调整）"。

烤面包器是设定烤制时间后打开开关。但时间长的面包和刚做好的面包，烤制后的面包是不同的。而且，烤制后的面包也会受当天的湿度和温度的影响。这样只需设置好烤制时间不需要观察烤制状况的自动控制称为**开路控制**。而电风扇是通过调整用的按键开关来改变转动速度并调整风量的。这样边观察按键开关等的显示边进行操作的方法也称为开路。指定澡盆的加热时间或洗衣机指定时间进行脱水的情况也可说是开路。这样的开路对于周围情况的变化无法进行适时地调整。

与这种情况相反，电热毯或电热被炉带有温度传感器，温度一变高开关则断开，为温度不再继续升高进行着温度调整。这样计量实际的状况并按照目标进行调整的方法称为**闭路控制**。

电梯门关闭的时候，如夹到物体则会停止关闭且电梯打开。这种动作因为是在检查门的状况则可说是闭路。而且，自动洗衣机注水到指定的注水位置后通过传感器可检测出水位，所以这也可称为闭路。

- 烤面包器是开路控制，电热毯是闭路控制

图1 开路控制的举例

a 烤面包器的控制是开路

啊，今天烤焦了，怎么弄的呢？

即使设定同样的时间，根据当日的气温或面包的状态，烤制后的面包会不同

烤面包器

b 开路的流程（烤面包器）

设定时间 → 自动控制开始 → 烤制后的情况是怎样的？烤制情况不能保证

图2 闭路控制的举例

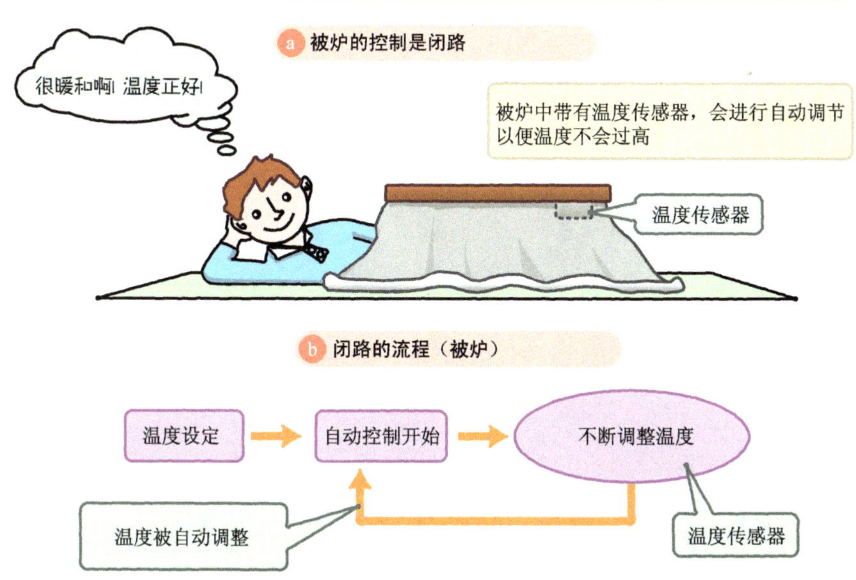

003 自动控制因顺序控制与反馈控制成立

可将自动控制按照顺序阶段性进行的情况考虑为**顺序控制**。例如，通过发动机控制来运行自动门和电梯的控制称为顺序控制。

如图 1(a)的自动门，通过感知人的传感器(红外线传感器)❶感知接近的人；❷发动机转动而门打开；❸门打开后暂时保持打开的状态；❹人走过时门关闭；❺最后，门关闭后发动机停止，从而自动门的一连串的动作结束。人一旦接近自动门，门感知到人后自动打开，这是以判断出人已接近的**条件**从而按照一连串的**顺序**开闭自动门，这正是顺序控制的代表事例。这时，门打开或关闭是由称为**微动开关**的机械性开关检测出的。这也是检测出条件而进行控制的情形。

另一方面，如图(b)通过空调和冰箱的温度调整进行的控制称为**反馈控制**。例如，空调的温度设定为 24℃，如室温变高时，室外的风扇电动机会强烈旋转来调整温度一直保持在 24℃。反馈控制因实时检测温度所以它是闭路。

自动门中控制的各个阶段并不全是顺序控制。门的速度在起动或停止时被调整为缓慢的动作，中途被调整为一定的速度，这是反馈控制。这样，顺序控制与反馈控制组合在一起实现目标操作。换言之，自动控制因顺序控制与反馈控制成立。

- 顺序控制是按照顺序阶段性进行控制的控制
- 反馈控制是不断重复检测与操作（调整）

图1 顺序控制与反馈控制的举例

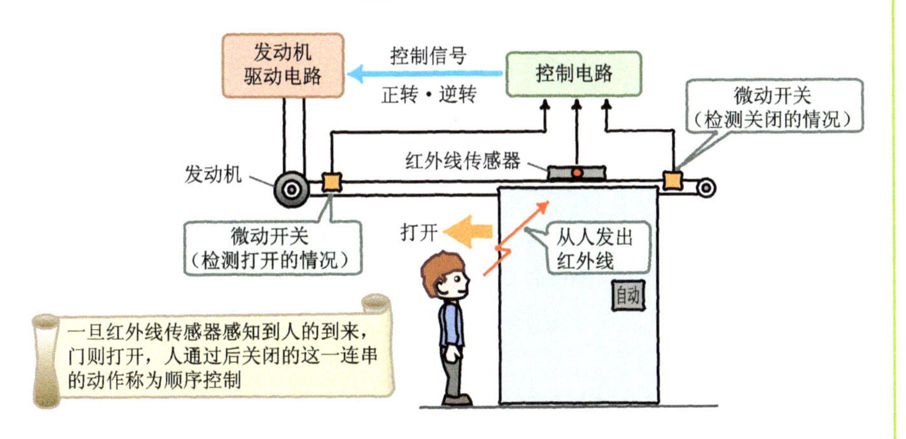

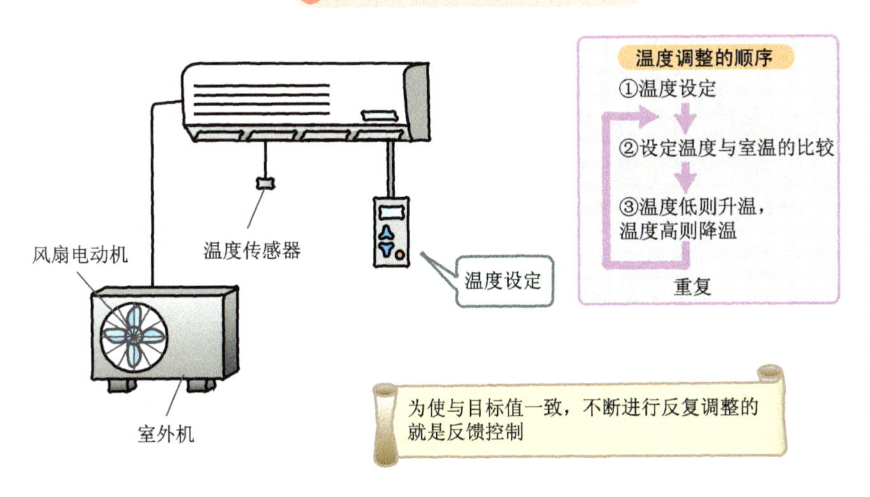

名词解释

红外线 → 人类无法看到的比红色频率低的光线

004 也有很多不使用电气的顺序控制

即使不使用电动的机械设备也可实现顺序控制。在静寂的空间给以紧张感的竹筒敲石是日本古代相传下来的驱逐鹿的工具。作为在日本庭院发声的构造也广为人知。所谓发声的构造，虽有点乏味，但能够周期性从竹筒发出声音。其构造在于：如果水在竹筒的一侧积存，竹筒失去平衡而倾斜，积存的水会溢出，竹筒会回到原来的状态且撞上其支撑的石头而发出声音。因为声音发出的**时间间隔**由水量决定，所以它可在一定的周期会发出声音，这可以说是顺序控制。实际上公共厕所的冲洗等也使用这个原理。

同时，周知的多米诺骨牌效应是利用多米诺牌摊倒的力量，将各阶段的装置按顺序执行，操作最后的装置后全部结束。通过多米诺牌一个接一个地摊倒来传达下一个装置动作开始的力量和方向（信息）。各阶段过渡的**顺序**已固定，也可在中途设定条件。而且，到达时间由多米诺牌的数量决定。这也可说是顺序控制。

八音盒一打开盖子就会演奏音乐。其构造为弹键盘的簧片由发条转动滚筒，按顺序弹奏键盘就会发出声音。以打开盖子为开端（条件），按照确定的顺序来发出声音，所以这也是顺序控制。自动演奏风琴也是同样的。颇有意思的是如果换成大鼓也可以演奏出另外的音乐。这可以考虑为大鼓中**记忆**着音乐。

要点 CHECK!

- 不使用电气的顺序控制中，动力是发条或位置势能，时间是摆或水或沙的流量，记忆则保存在纸上或滚筒里

图1 竹筒敲石发出声音的情形

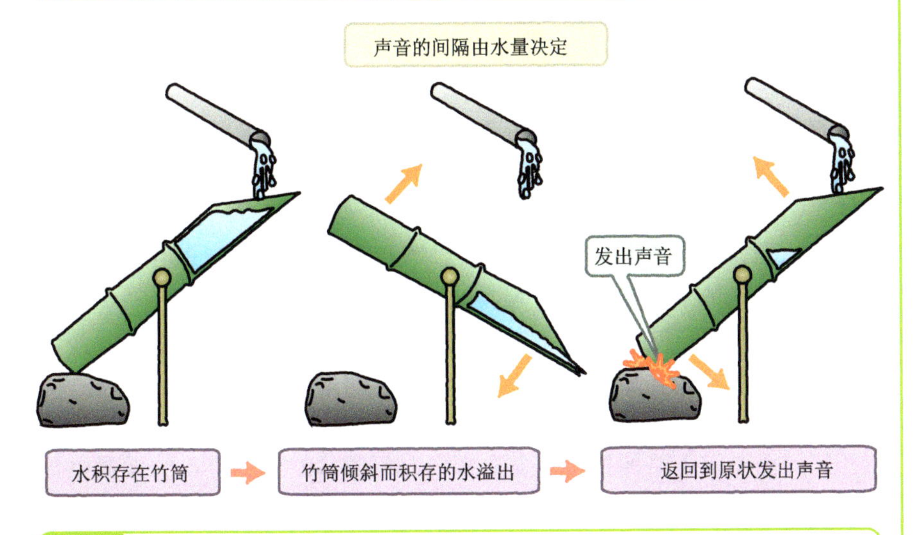

图2 多米诺牌摊倒的情形

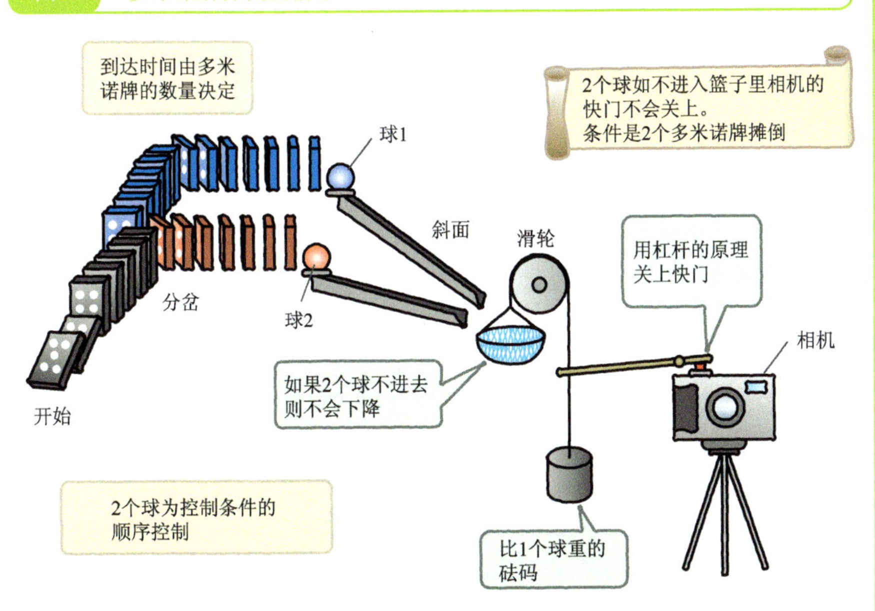

005 路灯的自动亮灭通过光传感器操作

路灯自动亮灭的构造是利用基于光传感器的自动开关和电灯的组合形成的。说起来这是将昏暗时人手动打开开关的部分自动化的例子。光传感器是由使用反应于光的强度而电阻发生变化的半导体材料(cds:使用硫化镉的**光导电电池**)或反应于光的强度而产生电动势的半导体材料(光电二极管)的电子电路构成的。

如图1(b),光传感器有反应时,使用电磁石的吸引力来打开或关闭开关的**电磁继电器**开始动作,从而使流动在电灯中的电流流动或停止。

图2(a)是用在光传感器中的cds的构造。图2(b)显示的是操作电路开闭的电磁继电路的构造。电磁继电路是通过流入电磁石的微弱电流可以由开关对较大的电流进行on或off的操作。将这种开闭电路的开关称为**触点**。

路灯或防盗灯的基于光传感器的自动开关是由cds等的光感应器与电磁继电路组合制作而成的。通过更换这个传感器的部分可以做出各种使用电磁继电路的开关。例如,温度传感器与电磁继电路的组合可以做出对应温度的自动开关。另外,麦克与电磁继电路可以形成反应声音的自动开关,还有同红外线传感器、超声波传感器、压力传感器、磁传感器等的传感器组合就可制成对应简单**条件**的自动开关。因此,这些传感器可以用于对控制对象进行状态检查,根据条件对开关进行on-off的**条件控制**。

- 传感器与电磁继电路的组合可以形成自动开关
- 机械运行的条件由开关或传感器来输入

图1 路灯或防盗灯的构造

a 路灯的构成

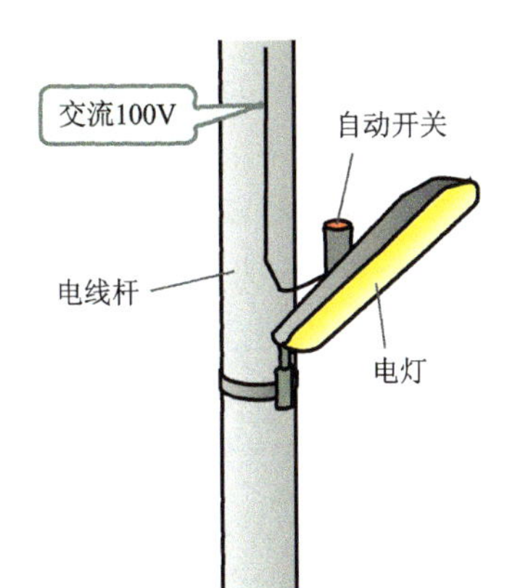

b 防盗灯的控制（条件控制）

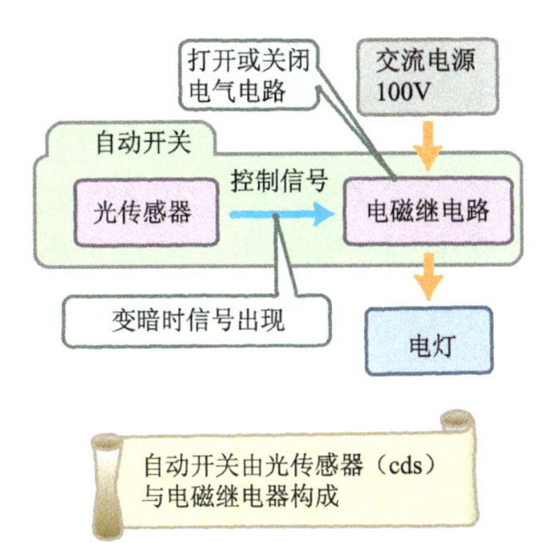

自动开关由光传感器（cds）与电磁继电器构成

图2 光传感器与电磁继电器的构造

a 光传感器（cds）的构造

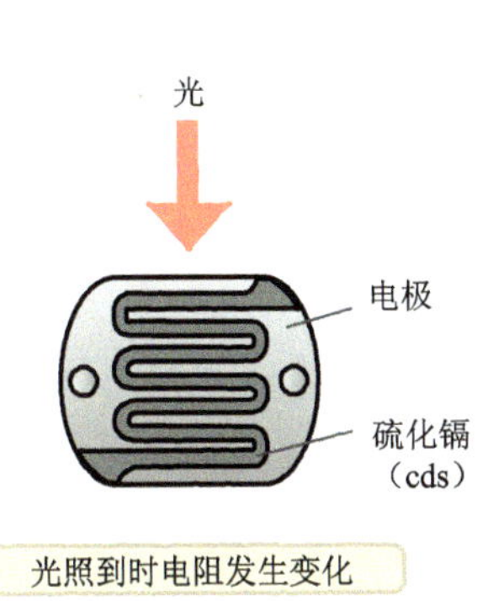

光照到时电阻发生变化

b 电磁继电器的构造

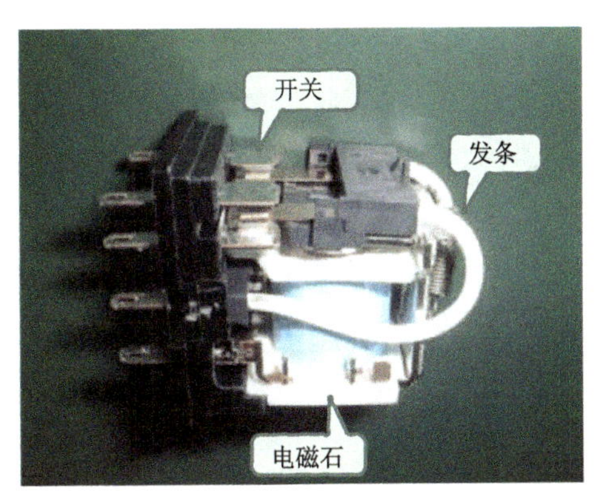

名词解释

超声波 → 人类耳朵无法听到的频率为20kHz以上的声音

006 防盗用感应灯在只变暗的情况下并不点灯

如图 1(a)，安装防盗用感应灯(夜晚人接近时就点灯的灯)的家庭在增加。感应灯是利用红外线传感器感知接近的人，但在明亮的白天并不亮灯，而天一变黑会自动点灯。这种灯除了红外线传感器以外，还带有另一个传感器，使之能够天变黑时开始运行。这就是 **cds 光电池传感器**。也就是如图 1(b)所示，不满足 2 个条件则灯不点灯。这也是称为条件控制的顺序控制。

如图 1(c)所示，这个构造通过串联连接根据光传感器发出的信号而动作的开关电路 1 与根据红外线传感器发出的信号而动作的开关电路 2 来实现。串联连接时如果 2 个开关不是一起 on，则控制信号不会输出。这样的连接可以说是将条件信号给**逻辑积**了。这是用控制电路在进行判断。如图 1(c)用电磁继电器形成开关电路的情况称为**继电器顺序电路**。同时，使用半导体管等构成的 IC 逻辑电路(后述)的情况称为**逻辑顺序电路**。

电磁继电器既用于对电灯或电热毯等流入的电流进行 on-off 的操作，也如上所述，在控制电路中也用于处理信号。控制电路中使用的电磁继电器的功能在于信号的转播(relay)。虽说这是说用于信息传达，但与用于开闭电力电路的电磁继电器要区别考虑。也就是说，继电器顺序电路是在控制电路中使用**电磁继电器来传达信息**。

- 为满足2个条件，须将各自的条件进行逻辑积
- 电磁继电器是进行信息传达的转播器

图1 防盗用感应灯的构造

a 感应灯的构成

在控制电路中如果光感应器与红外线感应器双方都没有发出信号，则控制电路中不会发出控制信号

b 感应灯的控制（条件控制）

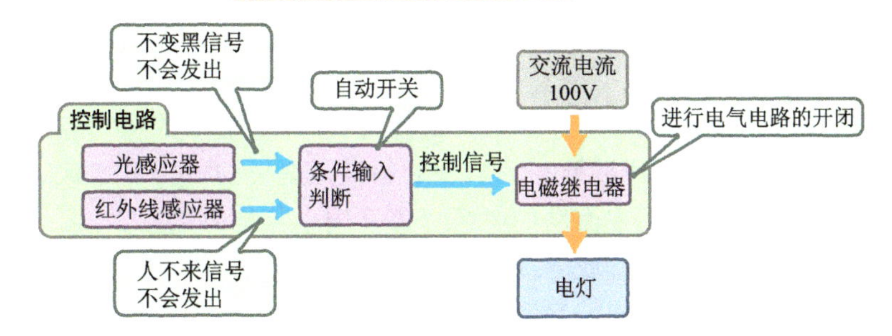

c 控制电路中有2个开关

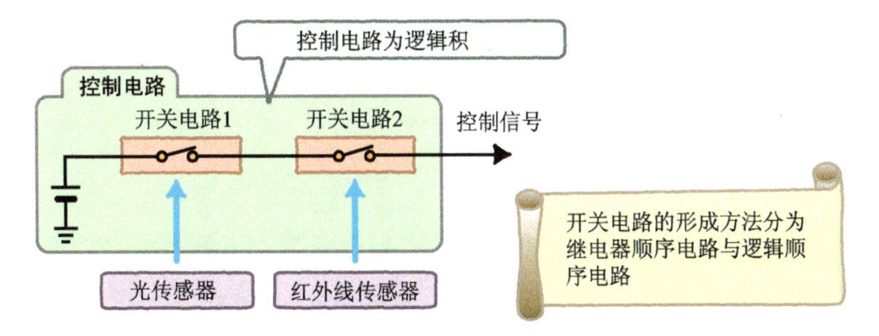

开关电路的形成方法分为继电器顺序电路与逻辑顺序电路

007 电动屏的控制通过按键开关进行

电动屏普及为如图 1 由电动机卷起的**卷起式屏幕**。这种屏幕由电动机的正转或逆转而上下操纵的。此时电动机的旋转必须在某处停止。通常安装可检查出屏幕上下移动结束的传感器，根据传感器的反应来**控制**电动机。电动屏上下移动的开始或结束由开关操作，这可以说是**条件控制**。同时，检测出所谓屏幕终端的条件并使其停止，所以还是被称为条件控制。

经常应用在这种条件控制情况的传感器是**微传感器**或**极限开关**等机械开关，还有称为旋转开关的**旋转传感器**。利用步进电动机作为电动机的情况时，用于驱动电动机的脉冲信号可以识别旋转数，因此它没有传感器也可能识别到屏幕终端(这种情形是开路控制)。另外，作为传感器而使用的机械开关并不是直接对发动机电流操作 on-off，只起着传达位置等信息的作用。

向电动机等提供电力的开关的情况，因显示电压的最大容许值与电流的最大容许值，所以要驱动机械必须满足必要的电压和电流。电磁继电器是通过电磁石中流动的电流可以开闭电气电路的开关，可应用于操作小型电动机的驱动或电灯的亮灭。

基于开关输入的控制电路是根据输入的条件进行判断。这样的构造大一点的物体常见于舞台布幕、大型屏幕、电动快门或汽车的电动窗等，被广泛应用着。

• 传感器传达光或温度等的状况或机械位置等的状态（信息）

图1　电动屏的构成与控制

a 电动屏的构成

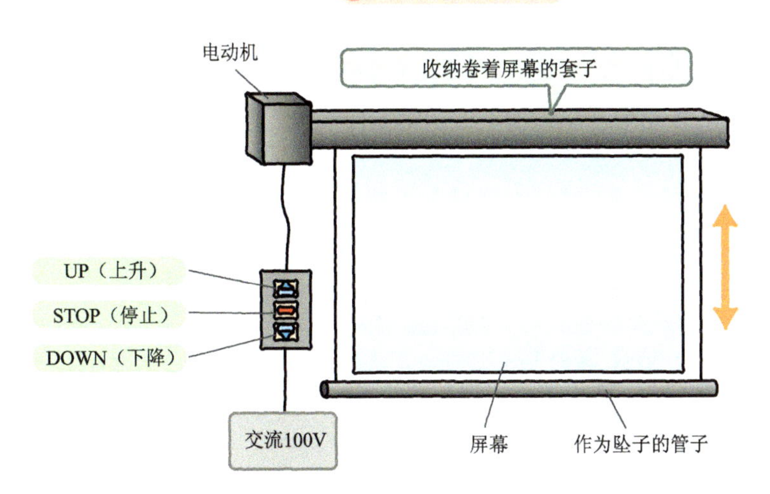

使用步进电动机的情况下，驱动电路是必要的，用电磁继电器无法控制

b 电动屏的控制

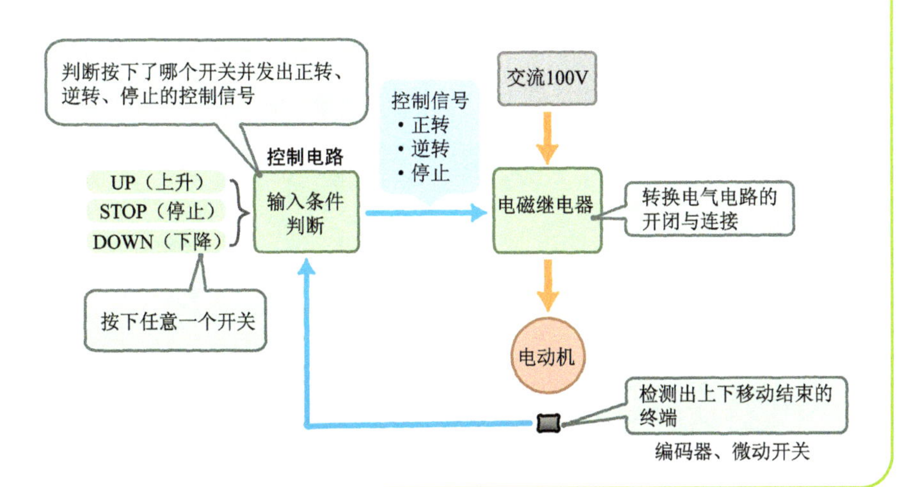

008 信号机是时间经过后会转换的时限控制与条件控制的组合

信号机是用来控制车或人的流动并维持交通安全的机械。常见的信号机有**时差式信号机**。这是时间经过后信号转换的信号机。它的时间设定也可根据车的通行量来适时设定。另外，有**按钮式**的信号机用于行人的步行。这是行人通过按下按钮对车按照黄灯、红灯的顺序进行操作。

时差式信号机的构造是根据预先设定的时间，绿灯、黄灯、红灯进行转换，工程按照这样的时间进展的称为**时限式顺序控制**（时限控制）。另外，只要满足按下像按钮式信号机的按键开关这个条件后开始运转的则称为**条件式顺序控制**（条件控制）。按钮式信号机的情况下，不光是条件，在车道一侧从黄灯转换为红灯，再次回到绿灯之时成为时限控制，因此实际上它是**条件控制**与**时限控制**的组合。

同时，从狭窄道路移向宽阔道路时，有设置**感应式信号机**的情况。它的构造是传感器检测出汽车来到信号机下面时，信号则转换。传感器代替按钮可自动检测出汽车，因此它还是条件控制与时限控制的组合。并且，信号机点灯的顺序已确定，因此这种情形可以说是**顺序控制**。之前所述的烤面包器或公厕的冲洗、电饭锅也是被顺序控制了的时限控制。

- 按钮式信号机或感应式信号机是加上条件控制的时限控制的信号机

图1 信号机的构成与控制

ⓐ 按钮式信号机的构成

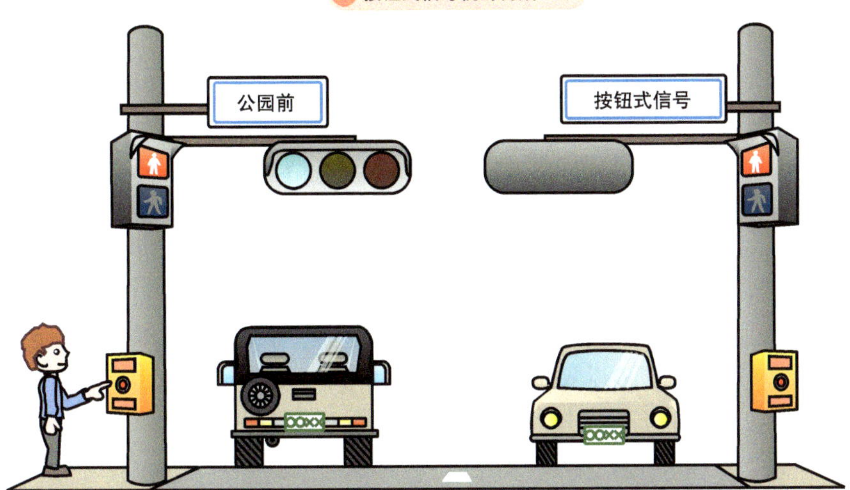

ⓑ 按钮式信号机的控制

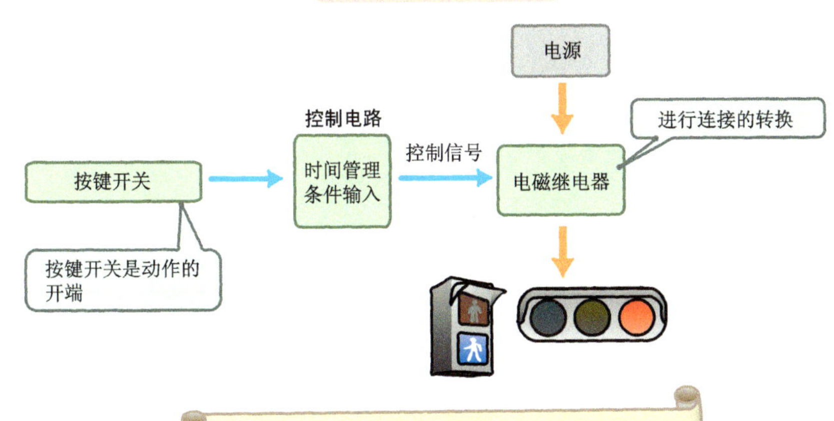

按下按钮则开始用于行人的信号切换到绿灯的准备，在一连串的时间间隔将车道一侧的信号切换到红灯之后，用于行人的信号切换到绿灯

009 汽车的雨刷器是时限控制+位置控制

汽车带有的雨刷器是雨天必需的东西。雨刷器由❶电动机；❷连杆；❸摇杆；❹刮水片构成，有时间间隔能够阶段性地进行调整，也可连续性地进行时间调整等很多种类，但并不是只有时间被调整的时限控制。

雨刷器的刮水片进行左右往返运动，但电动机并不是向左转动或向右转动，常见的是通过电动机与连杆进行往返运动的构造。因此使用霍尔元件等的磁性检查传感器或叫做轮转编码器的脉冲发生器检查出电动机的旋转位置，在刮水片的上下翻转位置上进行高度的**位置控制**。但是，雨刷器的间歇动作可以说是时限式顺序控制(时限控制)。

图 1(a)显示了雨刷器的构成。如上所述，雨刷器的往返运动是将电动机的旋转方向只设为固定的方向，通过称为连杆的杆子改为往返的直线运动。这种构造是电动机转一圈则连杆做一次往返运动，然后刮水片在玻璃面上进行往返运动。电动机部分被位置控制了，就是一定旋转一圈后才结束，所以雨刷器不会在玻璃面中途停止，一定是动作全部完成才会结束。

同时，根据条件的不同也有只刷一次就结束的模式。这是根据条件来转换动作，所以可以说是条件式顺序控制(条件控制)。因此，在雨刷器的控制电路中等待条件输入并进行时间管理。

如上所述，雨刷器虽是简单的动作，却有着复杂的控制，实现着平稳的控制令我们可以毫无生疏进行操作。

要点 CHECK!

- 雨刷器在刷的途中不会停止，动作一定要全部完成

图1 雨刷器的构造与控制

a 雨刷器的构成

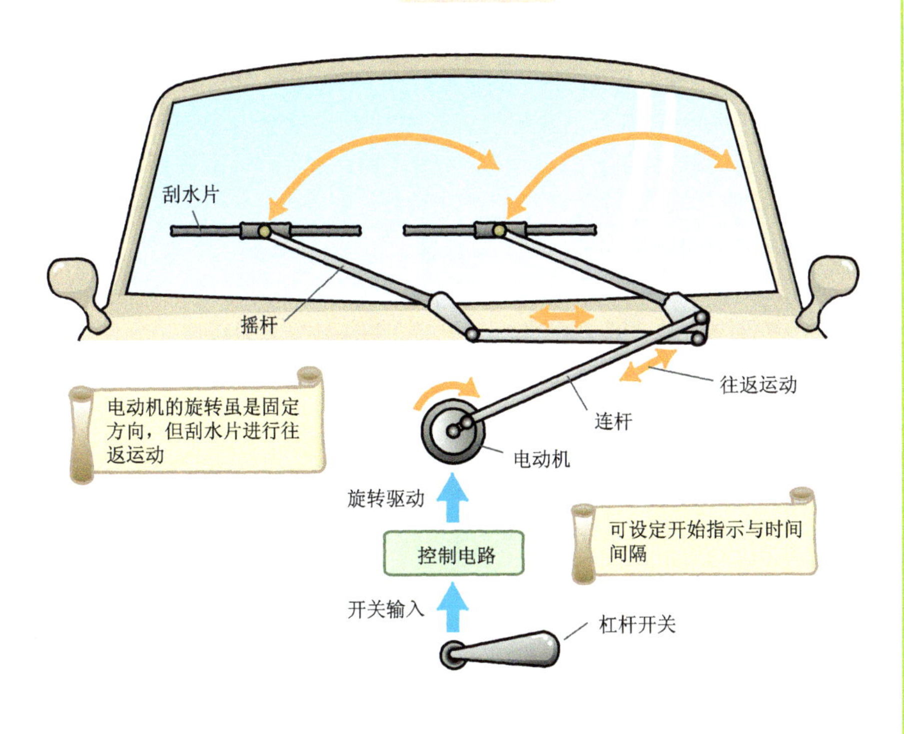

b 雨刷器的控制

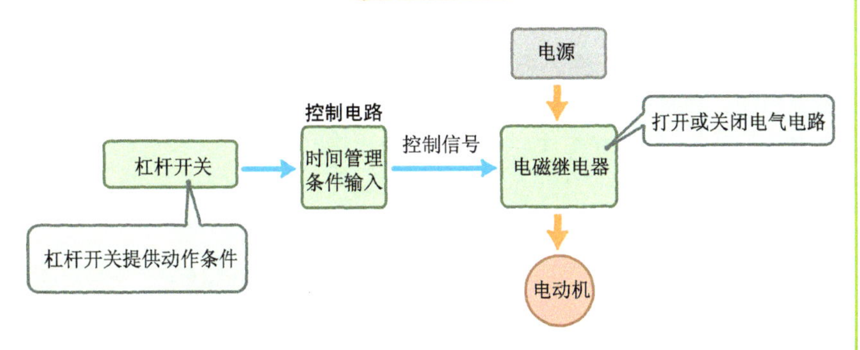

010 通过条件控制合理运行的电梯

通过电动机控制而运行的电梯控制是**顺序控制**中最具代表性的事例。如图 1(a)所示，按下电梯的按键开关后电梯就会自动来到自己所在的楼层。这是因为判断出按键开关被按了的条件后，电梯按照一连串的顺序进行运行。

电梯的动作分解为 5 个阶段来看看。

❶ 因按下了按键开关，开始一连串的动作

❷ 完成按下按键开关之前的动作后，移动到按下的楼层

❸ 人进入电梯，设定目的地

❹ 向着目的地，开始动作

❺ 中途即使按下了用于呼叫用的按键开关，直到最后都前往目的地

这是为了理解顺序控制的动作来显示了各个阶段的操作。如果是多台机器则是更加复杂的动作。原则上，离在按钮按下的楼层最近的电梯会给予对应。

另一方面，电梯的移动速度的情况是刚开始慢慢地起动，中途则高速运行，在接近目的地楼层时速度会降下来，最后缓慢地停下来。这时，它是在进行着让我们感觉不到在乘坐电梯的速度控制。这种速度控制成为**反馈控制**。同时，电梯按照按钮被按的各层顺序来达到目的。因此，它成为**有优先性的动作**。有目的同时达成的情况，例如现在在 4 层，从 1 层被呼叫，接收到前往 3 层的指示时，从 2 层被呼叫则停在 2 层的人也可乘坐。并且，同时设置多台电梯的情况，一边互相通知各自的现在位置，一边进行着更有效率更合理的运行。

• 多台电梯的目的地以呼叫信息为基础而合理地进行决定

图1 控制2台电梯的情形（条件控制）

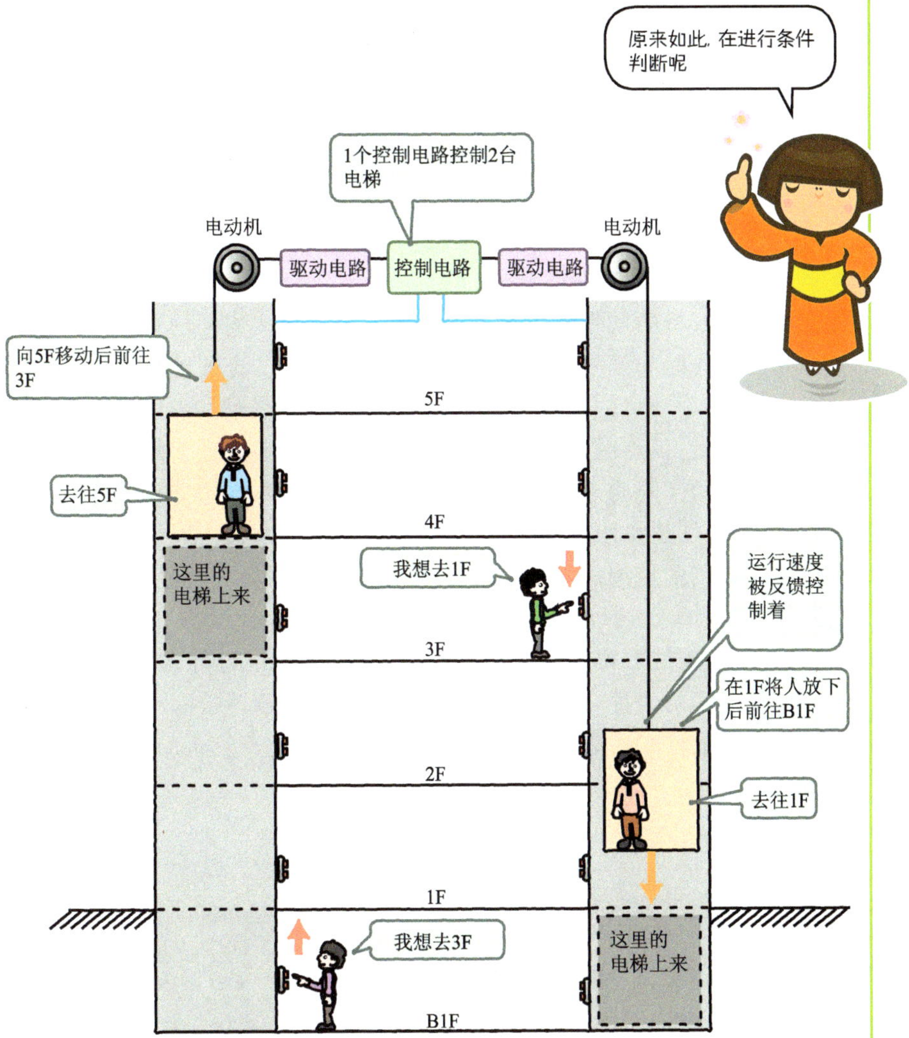

同时控制2台电梯的情况时，对按键开关发出的信息，距离最近的电梯给以对应

011 自动洗衣机通过微型计算机进行顺序控制

将要洗的衣服放入自动洗衣机并接通开关后，进行洗涤、漂洗直至衣服达到晾干状态。我们再详细来看一下自动洗衣机的运行。首先，❶放入要洗的衣服按下开始开关，开始供水；❷洗衣槽积水后，洗涤开始；❸规定的洗涤结束后，排掉含有洗衣剂的水；❹排水结束后重新供水，进行漂洗；❺按规定时间进行脱水后全部结束。

自动洗衣机的动作大体上可以分为5个顺序。这样的动作并不是按照预先设定的时间间隔进行动作，进入下一个动作的契机是必要的。例如，为了开始❶→❷的洗涤，需要知道供水完成的情况。以供水结束为契机，洗涤开始。供水的完成是由使用小型压力传感器用于检测水位的开关进行操作的。同时❹排水的结束也是由用于检测水位的开关进行操作的，由此可以知道排水完成的情况，向漂洗的动作转移。通过这样的开关进行状况检测的控制成为**闭路**。❺脱水在设定的时间经过后结束，所以是**开路**。

这样，自动洗衣机为完成所有的作业，按顺序进行好预定的工作，检测水位状况等的条件来推进运行。这样的控制是**顺序控制**与**条件控制**以及**时限控制**或计算次数的**计数控制**的混合，为了进行复杂的动作，要使用微型计算机。

- 顺序控制、条件控制、时限控制、计数控制，全自动洗衣机全部都在使用

图1 自动洗衣机的控制面板

ⓐ 自动洗衣机的控制面板

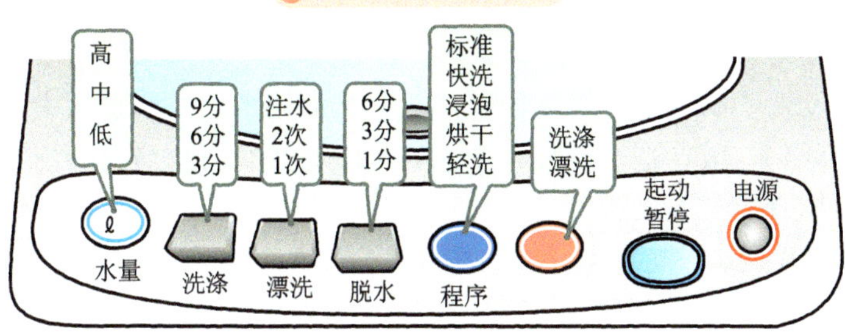

ⓑ 自动洗衣机的构成

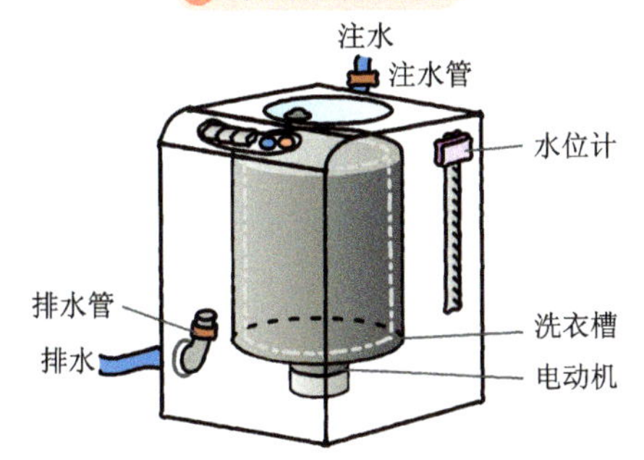

ⓒ 自动洗衣机的控制

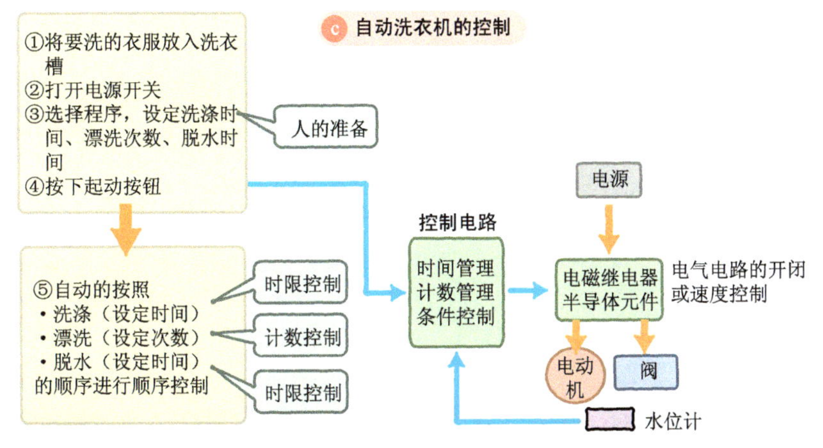

名词解释

微型计算机→1个IC中包括记忆存储、演算功能、控制功能、输入输出功能的计算机

012 自动贩卖机是箱状的自动装置

自动贩卖机有各种各样的种类。限定钱币的玩具自动贩卖机有只能使用1元的。其构造在于投入1元硬币转动拨号盘物品就会出来。常见的饮料或香烟的自动贩卖机的构造则是根据投入的钱币金额可以销售的物品的灯会点灯，按下此物品的按钮后，期望的物品就会出来。而且，它可以进行钱的结算并返还零钱。这成为机械自动地进行人类行为贩卖的**顺序控制**。这些自动贩卖机是若干技术综合起来才成为可能。

其中的1个技术是钱币或纸币的识别技术的进步。传感器技术的进步使这种识别成为可能。传感器本身的精密度虽提高了，但钱币或纸币的投取部分的构造非常小型且精密度变得更高则是非常重要的。第2个技术是钱的演算功能。现在使用微型计算机可以容易地计算出来。第3个技术是交接物品部分的机械性功能更加小型并技术提高了。这也通过微型计算机实现复杂的动作。这样，若干技术的发展基于微型计算机的出现成为可能。说自动贩卖机是搭载了微型计算机的"箱状自动装置"也不过分。

同时，与自动贩卖机同样的构造应用于各种贩卖机上，有设置在车站等地方的出租柜或售票机、弹珠店的租弹珠机、停车场的投币机、餐券贩卖机等。并且，最近通过使用卡或手机的电子钱可以购买自动贩卖机的物品了。

- 自动贩卖机因微型计算机的出现而得以快速发展

图1 自动贩卖机的构成与操作

ⓐ 自动贩卖机的构成与功能

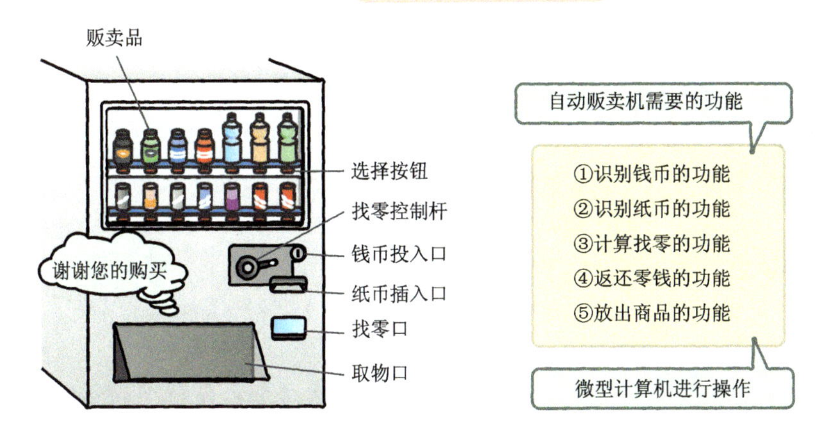

ⓑ 自动贩卖机的操作与人的操作

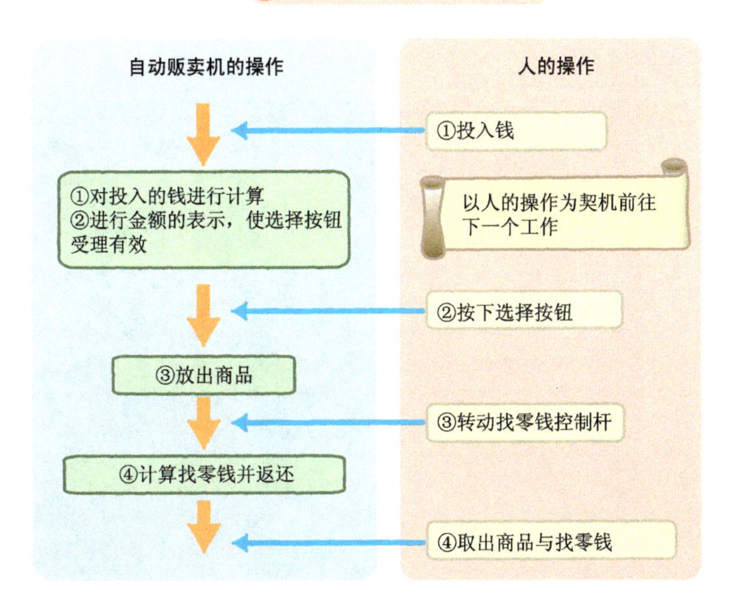

COLUMN

活动偶人通过顺序控制活动

日本很早就有称为装置的东西，用于狩猎的圈套或歌舞伎中可以看到顺序控制的原型。这些的能量源头主要是势能，利用杠杆原理进行操作。而且，在江户时代就有以发条或竹签为能量源头可以进行类似自动装置的动作的活动偶人出现，如端茶偶人或换幕偶人。

作为活动偶人有名的端茶偶人是将发条卷起，将茶碗放在茶托上后，头部前后摇晃，两脚交替缓慢地前进。而且，客人取下茶碗后它一直驻足等待客人喝完为止。归还茶碗给它后，再次活动起来并返回到原来的位置。茶碗放在茶托后就开始活动的操作可以认为放茶碗就是打开了起动开关。取下茶碗等同于按下了停止开关。而且，茶碗再次被放回就等于再次按下了起动开关。这样，端茶偶人是通过1个开关的on-off而活动的顺序控制。

电气能量的传达与电气信号的传达

顺序控制因为多用电气信号进行电气电路的开闭，所以我提出来讨论电能量与电气信号的基本使用的内容。另外，我也对顺序控制中必要的机器的电气特征以及其利用进行说明。

013 现在正是电气顺序控制时代

顺序控制并非仅指使用电气的控制。在前面一章已经给顺序控制下过定义，即，"按照预先设定的顺序或事先安排的手续依次完成各层控制程序的控制方式"。但是如今用电驱动的机器非常普遍，所以我们通常所指的顺序控制，主要还是关于电动控制机器的。

提到我们身边存在的电气，既有像干电池或充电电池这样被称为**直流**（DC：Direct Current）的电气——直流电的电流方向不发生变化；也有像家庭照明或电磁炉之类所用的**交流**（AC：Alternating Current）电——交流电的方向随时间的变化而变化。这些电气的作用有两类，❶用来**驱动**物体，还能发热、发光等等，是一种可加以利用的能源；❷像电脑或移动电话，被用来进行**信号处理**。直流主要功能是进行信号处理，比如移动电话、数码相机、摄像机、笔记本电脑等等都使用直流电。而交流电则主要被用来充当电灯、电磁炉、微波炉、电热器等的发热源，或者换气扇、电风扇、吸尘器、电冰箱、空调等电器的电机动力源。

电流的流速与光速相等，如此高速的能源的传达手段和信号处理能力，这些机器通过顺序控制可以同时获得。使用电气的顺序控制，尤其信号传达的速度是我们日常生活的速度所无法企及的，所以顺序控制的动作就比较难以理解。因此接下来，我们会一个一个地分解控制的每层动作，对它们分别加以说明。

- 电气可用作能源，也可用来处理信号，这两种作用顺序控制都会用到

图1 直流电和它的工作

a 电池的作用

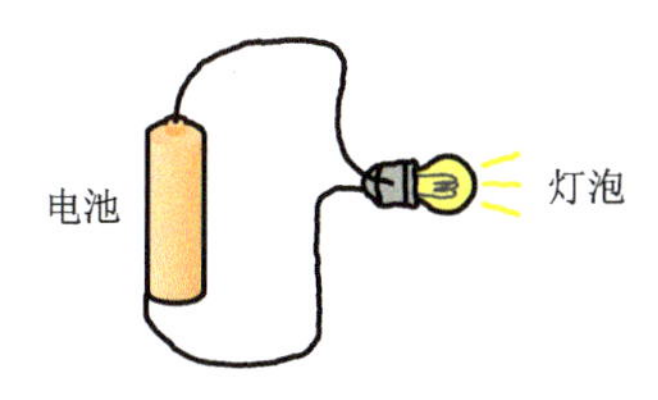

直流较多地运用在移动电话、数码相机、摄像机、笔记本电脑上

b 直流的电压/电流/电力的变化

直流的电压/电流/电力恒定，并朝同一方向（正极）流动

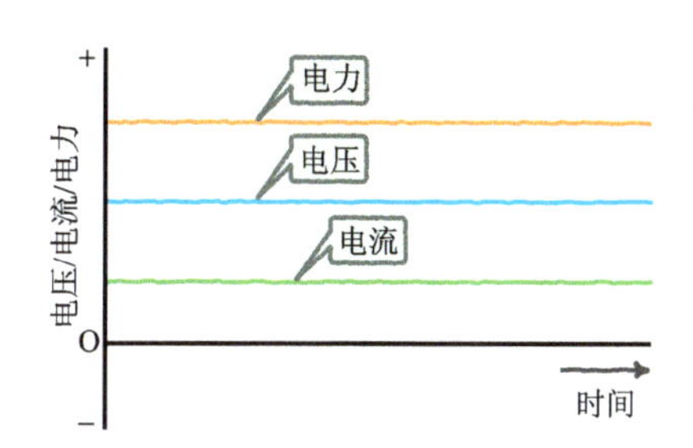

图2 交流电和它的工作

a 家庭用电

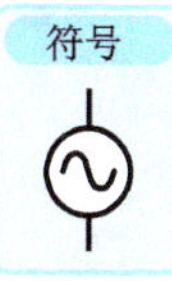

交流电源

送到各家各户的交流电除了能使电灯、电磁炉、微波炉、电热板发热，成为热源；还能用作电冰箱、空调、换气扇、电风扇等电器的电机动力源

b 交流的电压/电流/电力的变化

交流电随时间的变化而变化，于是电流和电力也发生变化

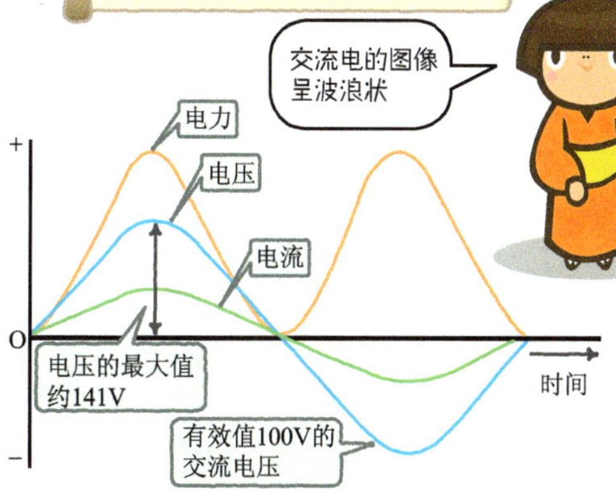

有效值100V的交流电压的最大值大约141V

014 开关控制电气电路的开闭

我们在家中开、关电灯时，其实就是在进行通电或断电的动作（电气电路的开闭）。而用来控制这个**电气电路**开或关的东西被统称开关。家庭用电气电路的开关通常是一个总配电闸。而室内电灯之类照明用具的电路闭合则通过埋在墙壁上的开关或者安装在柱子上的翻转开关，以及照明用具本身的开关——这两部分相结合来完成。

通过配电闸的电，我们还能利用电源插座来灵活使用。比如使用吹风机时，先将吹风机的插头插入插座，之后唯有依靠控制手中吹风机上的滑动开关来控制电气电路的开闭。此时，由于流过开关的电流大小决定了电量的多少。所以，直接控制电气电路开闭的开关就必须被设计成能够完全承受其所需的电压和电流。此外，由于开关的接触面上存在电阻，一旦电流过大开关就会发热，很容易导致破损。这种所需的、有最大限定值的电压和电流量被称之为**接点容量**。选择开关时，必须选择能与电器的容量值相匹配的开关。这些开关（接点），都是人们为了使用手动操作而设计的，因此大部分都用于主电源的开和关。

现在，我们生活中必不可少的，像电视机、空调、电风扇、电饭煲等等，有很多电器配置的是按键式的电源开关——有的甚至还能通过遥控器将开关打开，接通电源。然而这种按键式开关中无论如何不可能流通大电流。实际上，这种按键式开关仅仅起到接收“指示”打开电源并起动下面程序的作用，真正控制电路开闭的开关另有所在。因此，设计成按键式开关的家电产品，其工作方式就叫顺序控制。

- 电气电路的开闭必须用接点容量大的开关
- 按键式开关接收的是人的“指示”（命令）

图1 家庭配电线路和电气电路的开闭

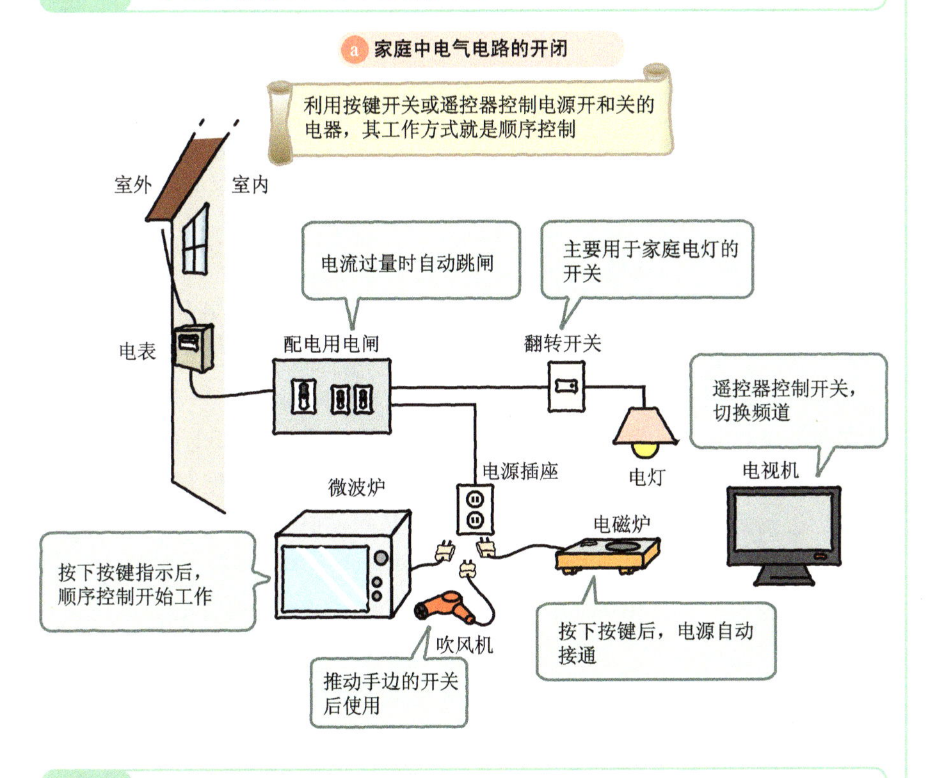

图2 有无顺序控制的区别

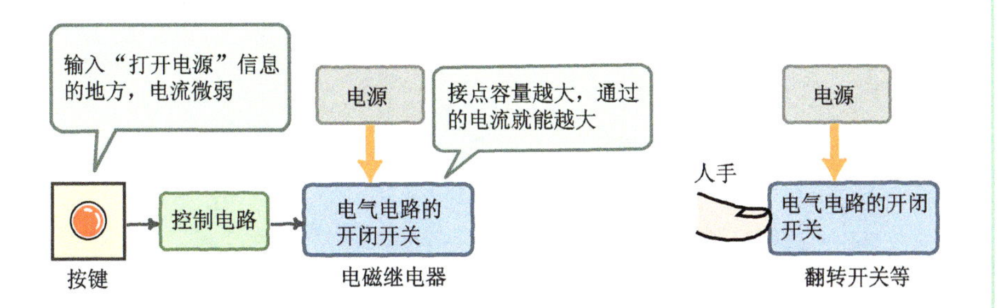

015 电磁继电器上绝缘的电磁石电路和开关

顺序控制上电气电路的开闭需要使用**电磁继电器**。电磁继电器不仅控制电气电路的开闭，还能够传达电气信号或保存(记忆)，并且驱动线圈的电气电路和使开关(接点)动作的电气电路是断电(绝缘)的。由于具备这些特点，电磁继电器被十分活跃地运用于顺序控制。

如图 1(a)，在这个电磁继电器中，作为操控电气电路开闭的开关，有**常开触点**(也叫 a 触点)和**常闭触点**(也叫 b 触点)，交替使用常开触点和常闭触点的触点叫**切换触点**(也叫 c 触点)，人们根据需要将其组合电路。将这些开关(触点)运用于电气电路的开闭时，要和电磁石的电路分开来考虑。就是说，如图 2，电磁石电路是处理电气信号(信息)的电路，而开关(触点)则是处理电能源的电路，两者相互间没有电的连通。这种关系就称为电的**绝缘**。电绝缘的电路可以各自自由选择电源。例如图 2，电磁石的电路使用直流电源，而开闭电力电路的电路使用的却是交流电源。

电磁继电器上的控制电路，既有能处理电气信号(信息处理用)的**控制继电器**，也有开闭电力电路的**控制用电磁继电器**。处理电气信号等信息用的控制电路电流较小，因此控制继电器一般都使用小型元件；而电力电路的开闭由于需要较大的电流才能完成，所以控制用电磁继电器就要用接触面大的大型元件。

- 控制继电器是一种体积小、电流容量也小的电磁继电器
- 电力电路的开闭需要利用触点容量大的控制用电磁继电器

图1 电磁继电器的构造和作用

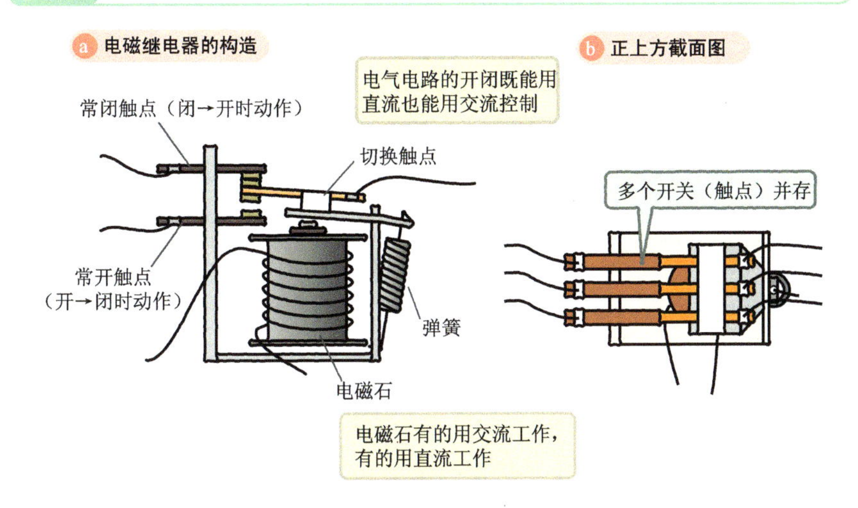

图2 电磁石的电路和灯泡的照明电路

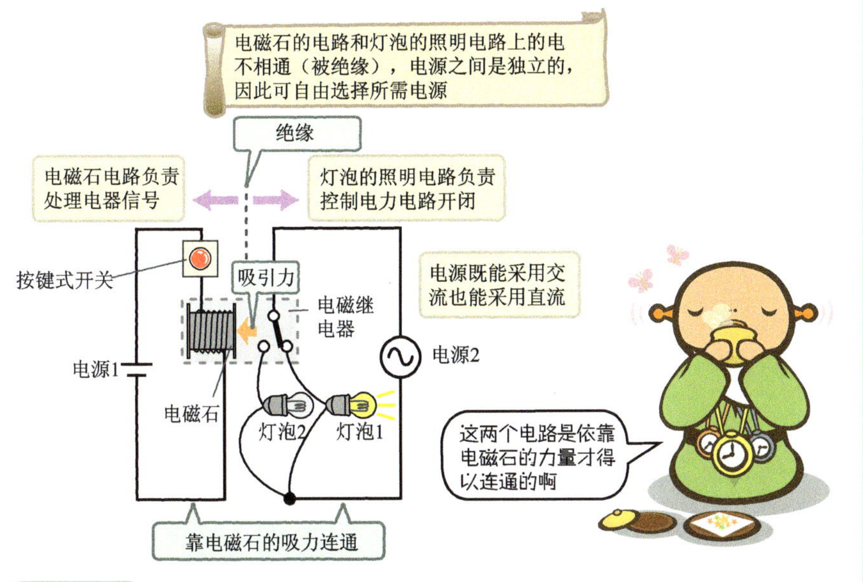

名词解释

绝缘 → 意指一种电未连通的状态

016 电磁石的电路和灯泡的亮灯电路共享电源

图 1(a)是我们在前面(015)中已经看过的一组装有一个电磁继电器和两个灯泡的亮灯电路。当按下按键开关之后，电流会通过电磁继电器的电磁石，电磁石产生的引力大小决定灯泡的亮灯开关（电磁继电器的触点）或关闭或打开，从而使得灯泡或亮或灭。这里电磁石使用的是直流电源，灯泡用的是交流电源。之所以可以这样使用，我们在前面(015)中解释过，那是因为电磁石的电路和灯泡的亮灯电路上电处于“绝缘”状态。因此，如图 1(b)所示，电磁石的电路和灯泡的亮灯电路也可以都采用交流电源（但必须选用适用交流电的电磁继电器）。再来看图 1(c)这个电路，电磁石的电路和灯泡的亮灯电路都采用直流电源，并且电源的电压被设置为相同的值。当两种电路使用的电源的种类和电压值相同时，实际上可以像图 1(b)一样共用一个电源（交流电源同理）。然而，电磁继电器的电磁石的设计因使用电源种类和电压大小的不同而各异。尤其是当向低电压值的电磁继电器施加高电压时，磁石的线圈很有可能被烧毁，使用时必须十分谨慎。所以人们规定了电磁继电器的**“额定”**使用限度和使用条件。

电源只用一个，同时又将处理电气信号和电气能源的电路混用时，电路的动作就变得难以辨明。但是，在用到电磁继电器的顺序控制当中，单靠交流电源进行动作的却变得越来越多，越来越普遍。因此对从事技术工作的人来说，阅读后面的顺序图，充分理解顺序控制的动作，是他们学习的第一道坎。

- 电磁继电器分交流电用和直流电用两种，需根据电源种类选择使用

图1 电磁继电器和电源的配线

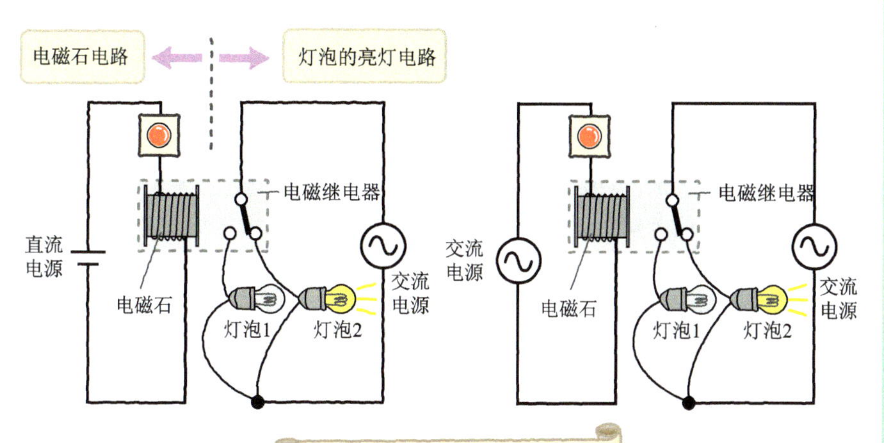

电磁石电路和灯泡的亮灯电路可以独立选择使用电源

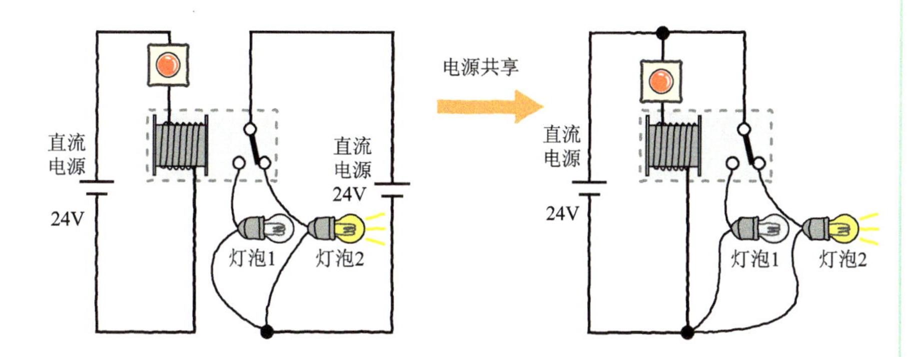

同类电源并且电源电压相等时，可以共享电源

017 能量微小的电气信号(信息)通过光传达

电气作为手段用于产生各种各样的信号。例如,作为信号处理电流流入电阻产生的电压,或者处理电流流入发光二极管产生的光线,或者处理电流流入线圈处理产生的磁力。这些是将电流的作用作为电流信号来处理。作为现实性的问题,在电流流动的电路中肯定会有能量的消耗(超导体为例外),但既然处理作为电流信号的信息,确实是尽量不消耗能量为好。例如,为使电动机旋转,电能量是必需的。但是,电动机向哪个方向旋转(旋转方向)的信息中没有能量。电动机的旋转次数或旋转方向使用光传感器无需接触就可以了解。也就是说,这些可作为不包含能量的信息来处理。

几乎不需要电能量的电气信号(信息)的输入大多是使用开关。手机的按键开关或电脑的键盘等使用按钮式的开关,由人向机械输入信息。手机使用的电波是电磁波,光线的一种。我们的邮件或通话是由人眼无法看到的电磁波传送的。电视或收音机当然也由电波传送,传送的信息本身几乎不需要能量。网络则多用光缆。不光是在空中,也有使用光缆传送图像或声音的。信息的传达不需要能量的说法比较极端,实际上传送或接收是需要能量的,但极其小的能量就足够,不消耗能量的情况则可以做出小型设备。

- 传达电气信号(信息)在不消耗能量的情况可形成小型机械

图1 电气信号（信息）的传达手段

a 基于光学式转速计的转动测定

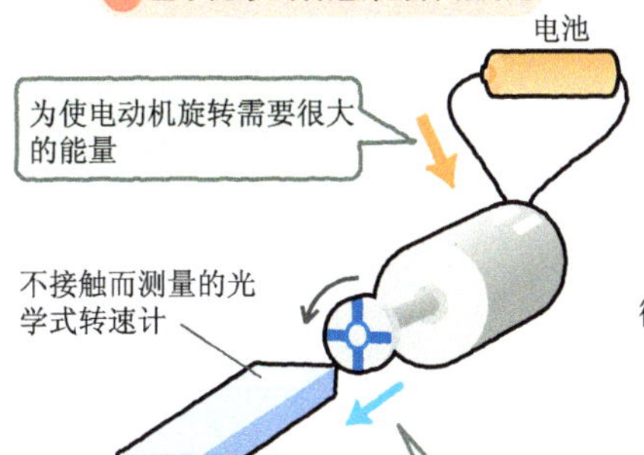

旋转或旋转方向是信息，所以很小能量就可以检测出

b 反射形相片识别器

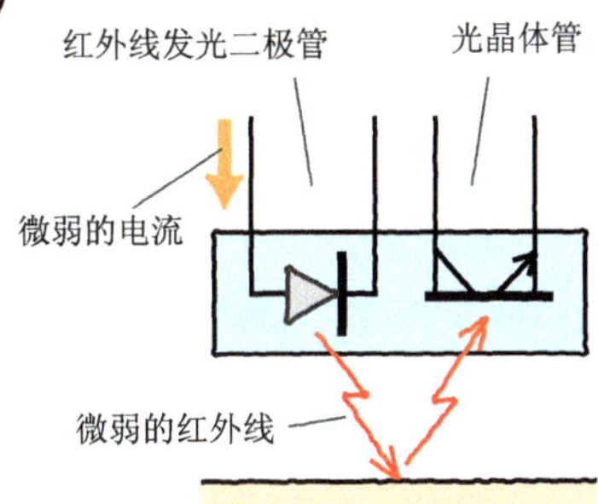

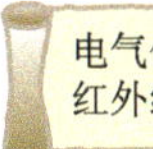

反射面

电气信号转换为微弱的红外线而被传达

图2 信息的输入

a 由按键开关输入信息

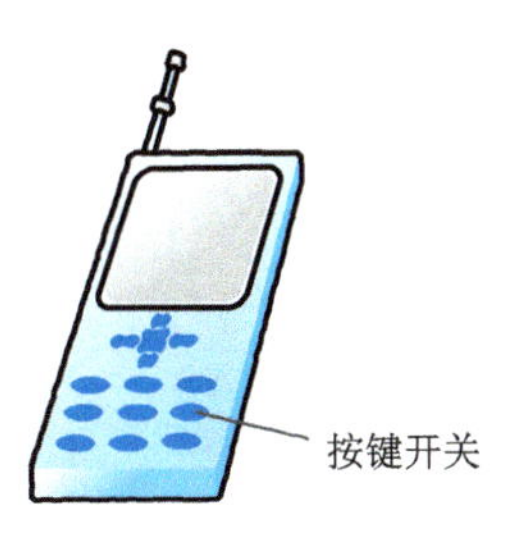

b 由电脑键盘输入信息

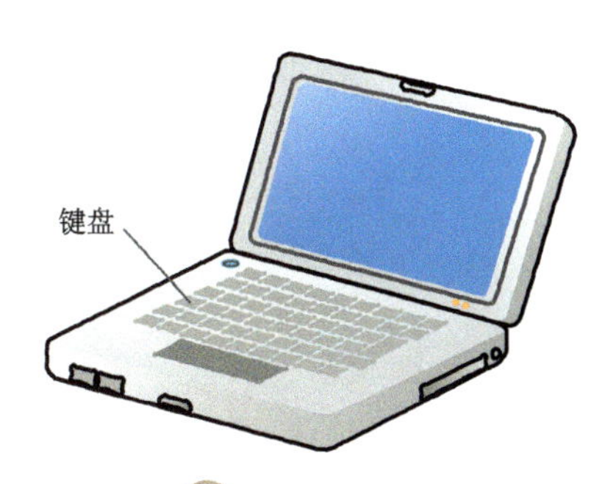

输入信息时几乎不消耗能量

018 顺序控制的命令通过开关输入

顺序控制根据人的**命令**开始操作。例如，按钮式信号机是使用按键开关来起动顺序控制。可以说按键开关具有向信号机输入称为命令的信息的功能。这样对控制机器发出命令的开关有按键开关或翻转开关、拨动开关等各种的类型。而且，在顺序控制中，这些称为**发令器**。如(017)所说明的，向机械输入信息多用开关来进行，顺序控制中的命令作为信息也由开关来输入。

图1(b)显示的翻转开关通过按下倾斜的操作部分可以开闭开关。其操作为常开触点(a触点：一操作就关闭)、常闭触点(b触点：一操作就打开)、切换点(c触点：可转换电路)，在家庭中作为电灯亮灭或电器内部的电源开关使用。

图1(c)所示的拨动开关通过操作杆开闭开关，所以也称为弹簧开关。其操作为常开触点(a触点)、常闭触点(b触点)、切换点(c触点)，也多作为电器内部的电源开关使用。这样，翻转开关或拨动开关不只是作为顺序控制的发令器来使用，也可作为小容量电器的电源开关使用。

图1(d)所示的选择开关是通过旋转杠杆或把手可以切换触点的开关，身边可见的是自动贩卖机的找零控制杆等。

- 开关中含有常开触点（a触点）、常闭触点（b触点）、切换点（c触点）

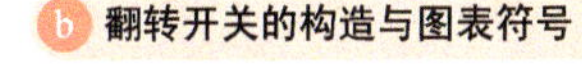

图1 顺序控制中使用的主要开关

a 按键开关的构造与图表符号

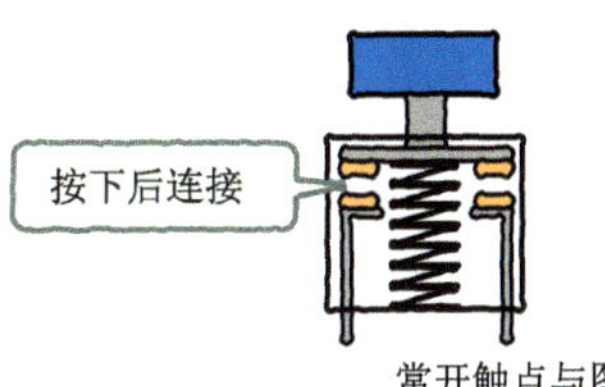

常开触点与图表符号

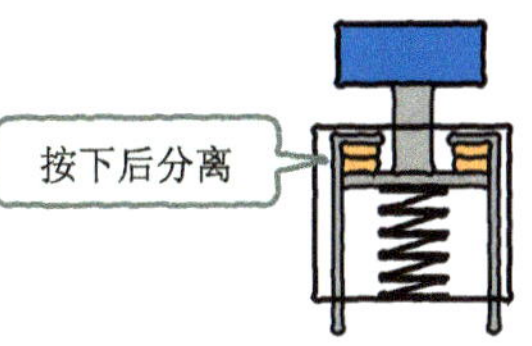

常闭触点与图表符号

b 翻转开关的构造与图表符号

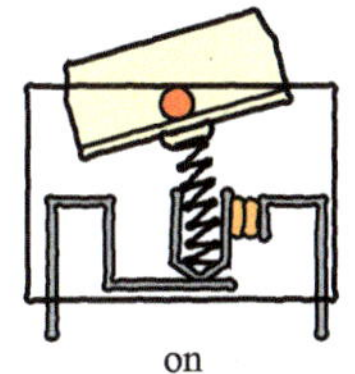

on

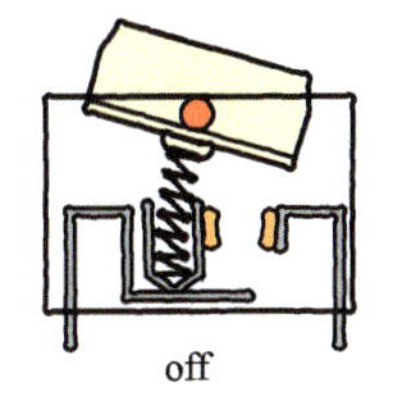

off

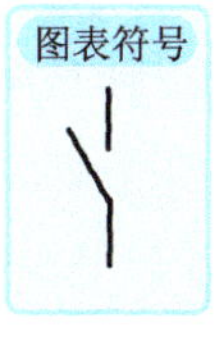

顺序控制的命令是信息，通过开关输入

c 拨动开关的构造与图表符号

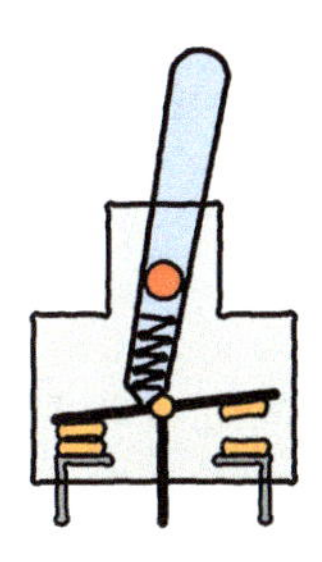

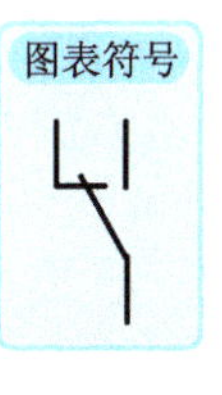

拨动开关是可以功能性的进行切换的开关

d 选择开关的构造与图表符号

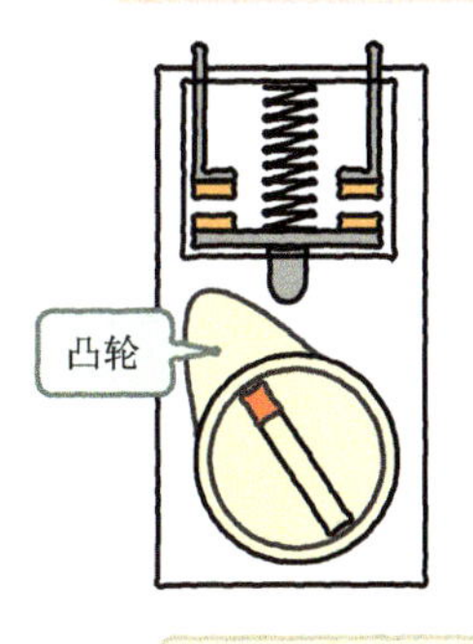

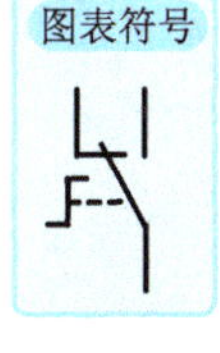

如旋转杠杆，触点通过凸轮开闭

名词解释

凸轮 → 安装在旋转轴上，改变从旋转方向到直线方向的运动方向的机械部件

019 大电流的控制通过电磁开闭器进行

小型的电磁继电器用于操作电灯、电热毯或电炉等电流容量比较小的电器开闭。如图1的照片所示，电流容量大的电动机等则使用称为**电磁开闭器**的控制用**电磁继电器**。操作这种电流流程的机器称为**操作控制器**。

电磁开闭器并不是单体存在的。实际上它是由可对大电流进行开闭控制的称为**电磁接触器**的电磁继电器与由于温度上升可进行开闭操作的开关(触点)的称为**热动过电流继电器**(也称热继电器)组合而成的。

电磁接触器的原理图如图1(a)所示。其构造在于可动铁芯(活塞)与固定铁芯设置为相对，如电流流入固定铁芯的电磁石(励磁)，可动铁芯移动起来，触点构造则开闭。这同小型电磁继电器原理相同，但触点容量大(所以使更多电流流动)，用于速度比较快的开闭中。而且，构造上还有1个辅助触点，如图1(c)所示，其图表符号与主触点的记述不同。

图1(b)所示的热动过电流继电器(热继电器)是插入主电路(例如用于驱动电动机的电路)使用的。在电动机的控制中，因为消耗的是动力用的称为三相交流电压的交流电，所以使用3根电线。其构造在于其中有电流流动的2根电线卷在双金属片上，利用基于电流电线产生的热量，使双金属片能够动作。也就是说，由于温度上升双金属片一旦发生弯曲，滑板一侧移动起来转动滑板，从而开关(触点)动作起来。

- 电磁开闭器是电磁接触器与热动过电流继电器的组合

图1 控制用电磁继电器的构造

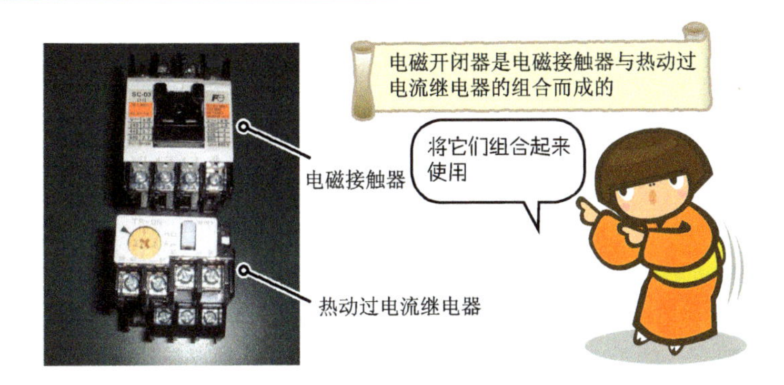

a 电磁接触器的构造

b 热动过电流继电器的构造

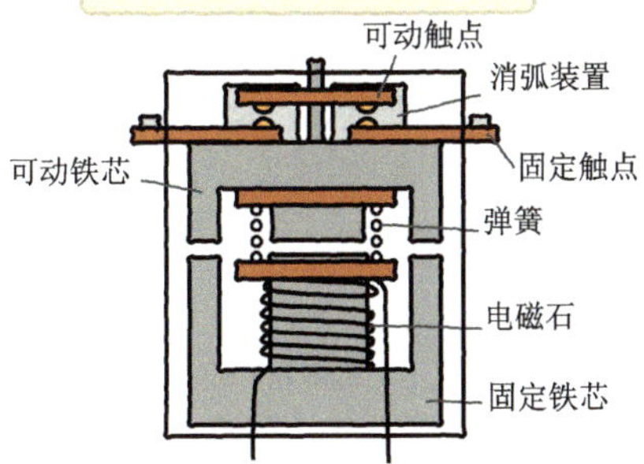

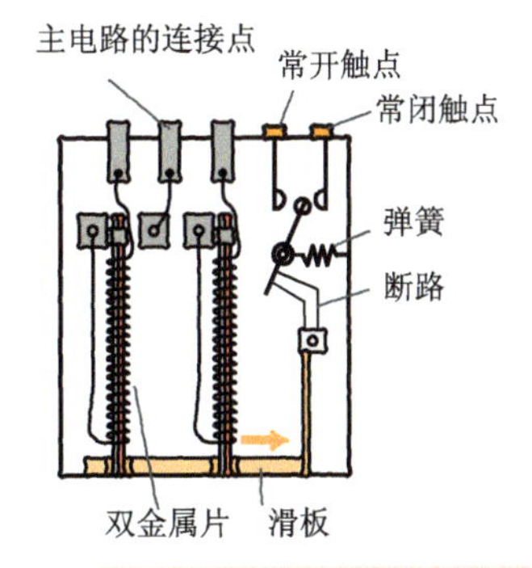

c 电磁接触器的图表符号

d 热动过电流继电器的图表符号

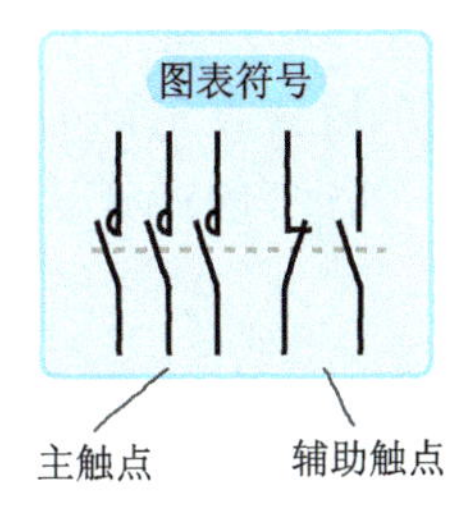

虚线意味着联锁

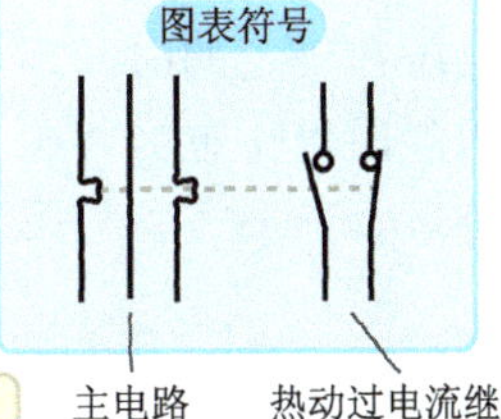

名词解释

双金属片 → 热膨胀率不同的2片金属薄板贴在一起的物质，应用于温度开关等

020 管理时间是计时器的功能

计时器用于有必要进行时间管理的控制。前述的[逐鹿器],因为可以根据落下来的水量调整发声的周期,所以这可以考虑为基于水量的计时器。钟表作为刻画时间具有代表性,作为设定时间的方式,有很多种类包括电子式或装有发条的机械式。

图1(a)是电子式的计时器,称为CR计时器。CR计时器利用电容器(C)与电阻(R)的放电特性中的时间延迟,来打开或关闭电磁继电器的触点。CR的放电特性是因为**时间定数**(C与R的乘积)越大越平稳,所以可设定较长时间。图1(b)显示的是计时器的配线图。计时器接通电源后时间一经过触点就关闭,所以称为**限时触点**(c的T.D.模式)。同时,根据模式的切换也可利用**瞬间触点**,即电源一接通,触点瞬间关闭(d的INST.模式)。

电动机式计时器根据输入信号起动同步电动机,在预先设定的时间之后开闭触点。同步电动机与电源的频率同步旋转,所以只要电源频率不变就可以得出正确的旋转数量。通过齿轮(变速器)减慢旋转则可以设定正确的时间。

一般的计时器的操作分为3个种类,一是如图1(e)所示,一旦施加电压,在设定的时间之后开始操作,而一切断电压则瞬间恢复原状的**限时操作瞬时复位**,二是如图1(f)所示的一施加电压瞬时开始操作,而一切断电压在设定的时间后恢复原状的**瞬时操作限时复位**,以及如图1(g)所示的一施加电压在设定的时间后开始操作,一切断电压后在设定的时间后恢复原状的**限时操作限时复位**。在顺序控制中,针对各自的操作决定使用的图表符号。

• 计时器是对电源的on · off可以设定时间延迟的开关(触点)

图1 计时器的构造与功能

a 电子式计时器的照片

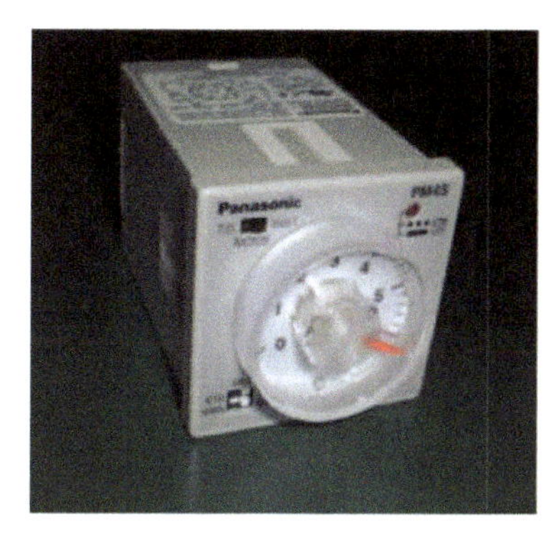

b 计时器的配线图

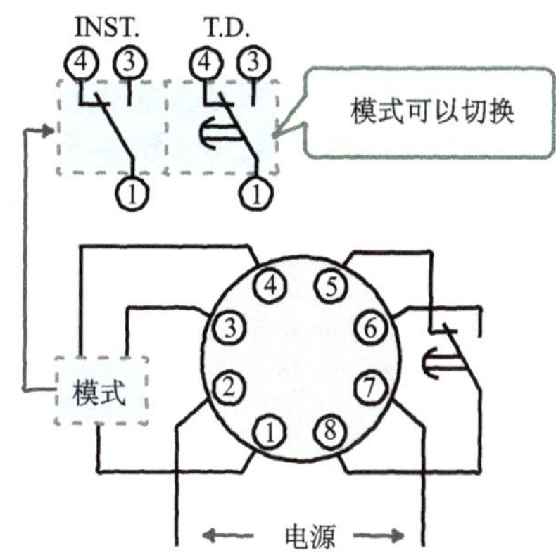

c T.D.模式

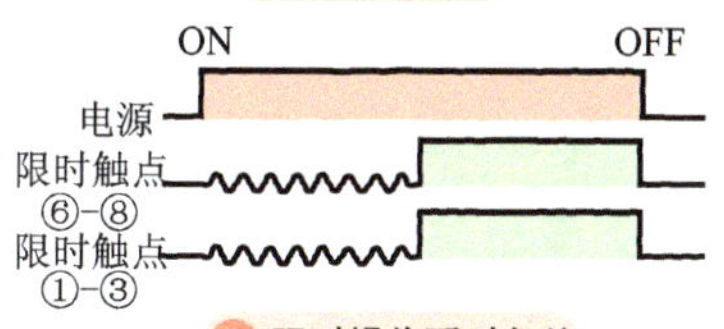

d INST.模式

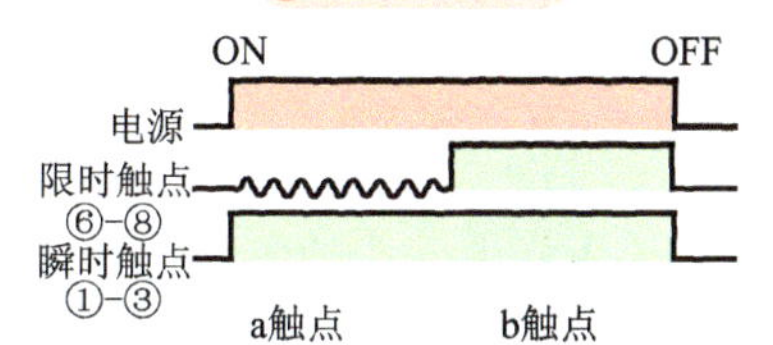

e 限时操作瞬时复位

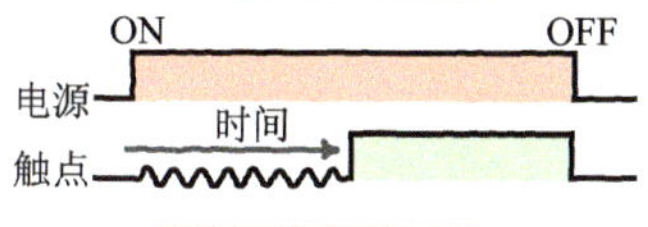

图表符号

a触点

图表符号

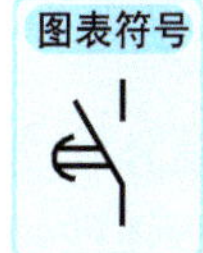

b触点

图表符号

f 瞬时操作限时复位

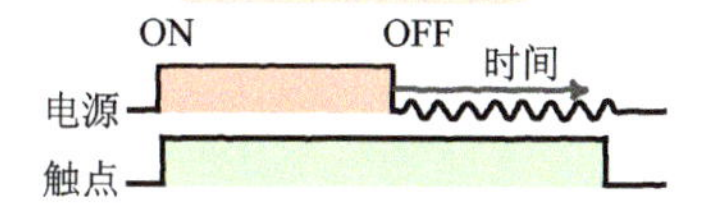

图表符号

图表符号

图表符号

G 限时操作限时复位

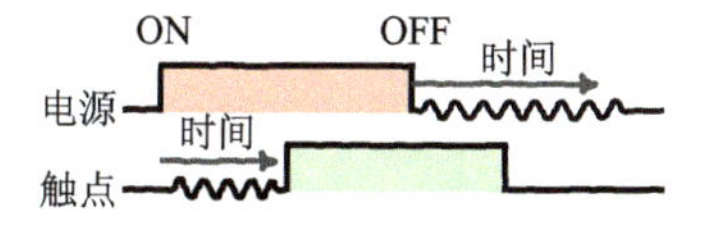

图表符号

图表符号

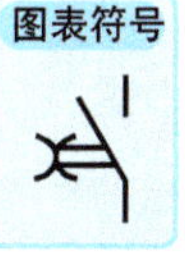

图表符号

名词解释

同步 → 指动作时间一致

021 计算数量是计数器的功能

计数器是计算(计数)由开关或传感器发出的可进行 on 或 off 的电压波(**脉冲波**)的机械。计数的数值表示在计数器的显示画面上,用于状况的判断。

例如,将自动洗衣机的漂洗次数设定为 3 次时,起计算这个作用的正是计数器,其构造是计算到 3 次后计数器会发出信号。这样,计数器用于计算操作次数或通过的产品件数等,在顺序控制中作为**操作控制器**使用。

如自动洗衣机的计数器,计算到一定的次数后发出信号,而且从最初开始计算的计数器称为**预置计数器**。与此相对,调查一天的汽车通行量的情况则是从最初持续计算到最后。这样的持续累计计数的计数器称为**总数计数器**。

图 1 的照片是可设定计数值的预置计数器,但也可作为总数计数器来使用。图 1(a)是预置计数器的端子构造。图 1(b)表示了总数计数器的功能,用光电开关检测出通过的水果并表示水果的总计。图 1(c)表示了预置计数器的功能,水果的数值一达到设定值,输出端子(OUT)的触点则开始操作。

这样,计数器是作为单体机械存在的,但计算数量的计数功能是信息的处理,也设置在后述的逻辑电路或微型计算机的内部。

- 计数器中有预置计数器与总数计数器

图1 计数器的构造与功能

a 预置计数器的端子构造

预置计数器

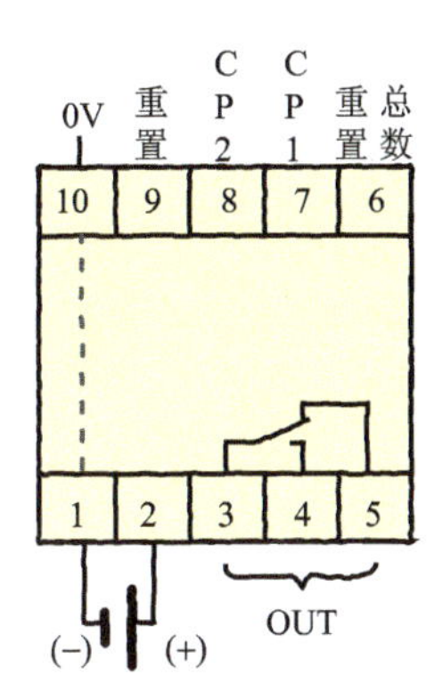

b 总数计数器的功能

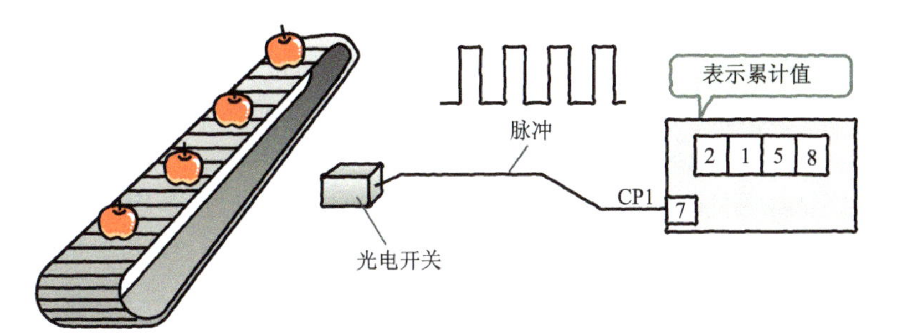

c 预置计数器的功能

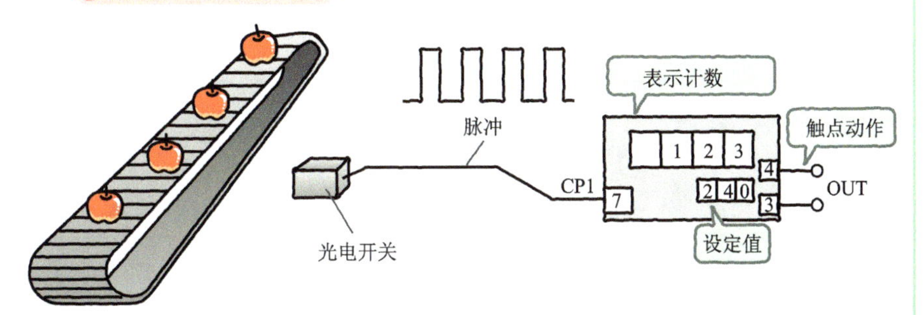

022 被控制最多的机械是电动机

通过顺序控制的机器是电动机或加热器等，这些称为**对象操作器**。在这里，针对电动机进行说明。

感应电动机是因交流电旋转的代表性的电动机，用于家庭中的换气扇或空调、冰箱或电风扇等。同时，感应电动机不容易损坏且易于保养，也应用于电梯或电车。电梯或电车中利用的感应电动机接在称为**三相交流电**的电源上而运转。如图 1(a)所示，所谓三相交流电的电源是互相相差 120 相位的 3 个电源。这样的三相交流电可使磁场转动，所以也适合于运转感应电动机。

那么三相感应电动机开始运转时（起动时），因有较大的电流流入，所以从以前就开始利用顺序控制进行起动。例如。称为**Y-△（三角）起动**的起动方法中利用已在（019）说明过的可开闭大电流的开关称为电磁开闭器，为了能够切换连接在电动机上的 3 根电气配线而使用顺序控制。同时，直流电动机被称为起动转矩高的电动机。但因起动时有大电流流动，所以一边控制电流，一边起动。这时通过使用了电磁开闭器的顺序控制而得以实现。

另外，上面所述之外，有称为**步进电动机**的电动机，低速但转矩高，所以常用于顺序控制，但直接施加直流电压或交流电压并不会旋转。这种电动机一边轮流切换流动在电动机内的线圈的电流，一边使其旋转，因此存储速度快的开关与流动在线圈的电流顺序的部分则成为必要，因电磁继电器无法处理，所以使用**半导体元件**进行旋转控制。

• 感应电动机不容易损坏且易于保养，作为动力被广泛使用

图1 电源的种类与电动机的特征

a 三相交流电的电流波形

$\frac{2}{3}\pi$ $\frac{2}{3}\pi$ $\frac{2}{3}\pi$

$\frac{2}{3}\pi$用角度来说是120°

电流 0

时间 t

t_1 t_2 t_3 t_4

旋转磁场形成

b 因三相交流电旋转的电动机

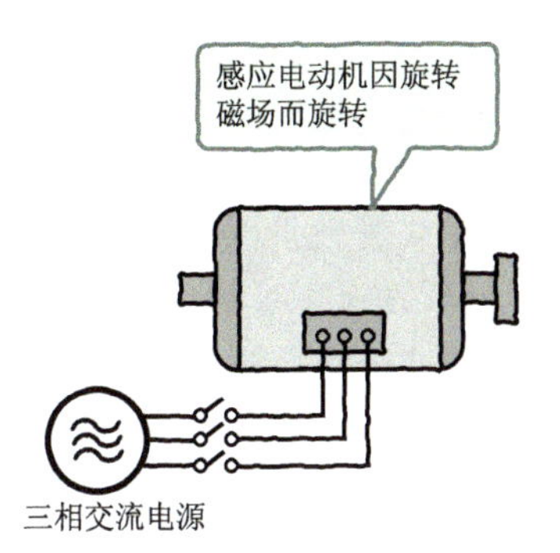

c 单相交流电的电波波形

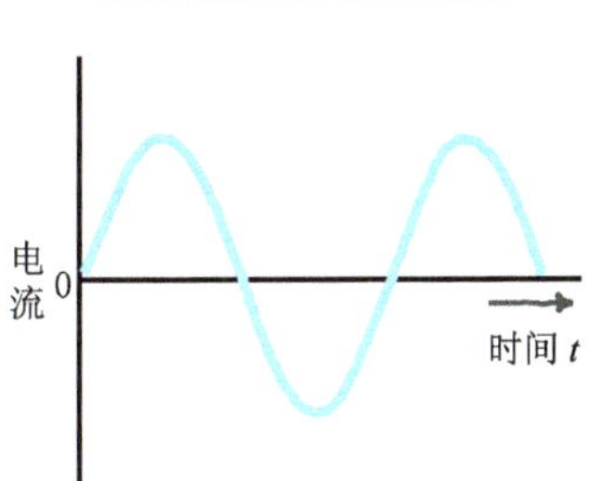

旋转磁场不会形成

d 因单相交流电旋转的电动机

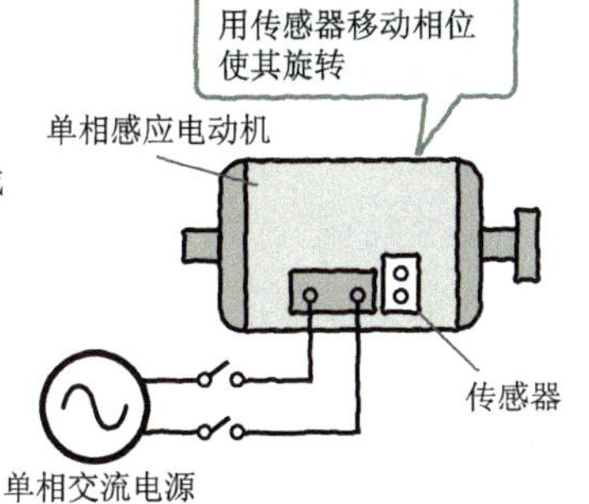

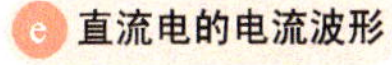

e 直流电的电流波形

f 因直流电旋转的电动机

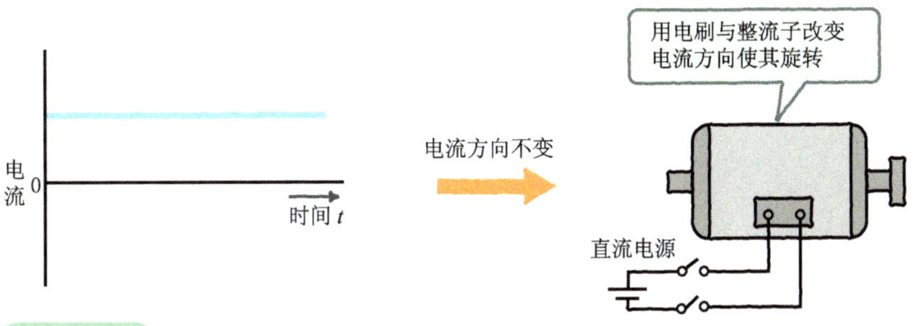

名词解释

起动转矩 → 指电动机接通电源时，电动机要旋转起来的力量

023 往返运动的控制通过制动器进行

电动机以外也有作为对象操作器的机器，就是**螺线管**、**汽缸**、**电磁阀**等总称为**制动器**。

螺线管就是电流流入线圈，使设置在线圈内部的铁心或磁石移动的机械，移动范围虽然很狭小，但可用于推拉物体。如图 1(a)所示，螺线管包括用交流电驱动线圈的情形与用直流电驱动的情形。同时，直流电驱动的情形为在内部设置磁石来改变线圈中电流的方向，推拉的时候因为电磁力驱动则成为可能。螺线管在线圈内有铁芯或磁石时，即使电流非常小也可发挥巨大的吸引力，但动作开始时，线圈内因为是空的，所以电流会增大。在持续施加力量的情况时，必须持续流动电流。同时，在吸引途中不能使其停止。

汽缸是通过油压或空气压力内部的活塞进行往返运动的机械，因为可以发挥出巨大的力量，所以用于推拉货物。同时，汽缸的往返运动会因塞进的油或空气的方向而变化。因此，使用电磁阀(soleniod pulp)可转换油或空气的方向。如图 1(c)所示，通过在螺线圈内打开或切断电流，电磁阀并不只是开闭油或空气的通道，还可更换方向。因此，电磁阀可使汽缸的活塞进行往返运动。

通过电磁阀进行油压控制不只是汽缸，根据同样的原理，还可以旋转称为**油压电动机**的电动机。

- 往返运动的控制利用线圈产生的电磁力

图1 制动器的种类与功能

a 螺线圈的动作原理

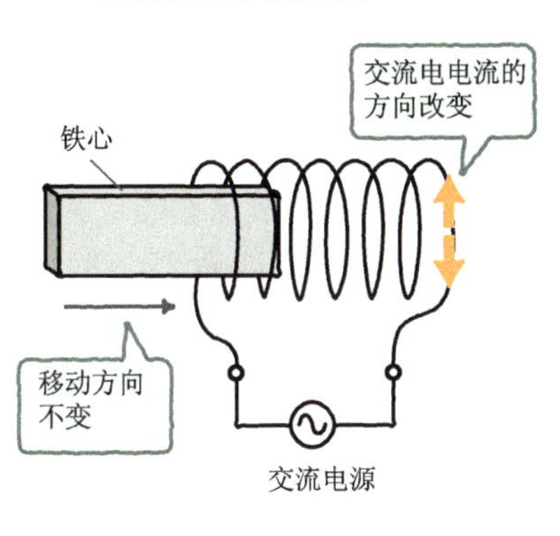

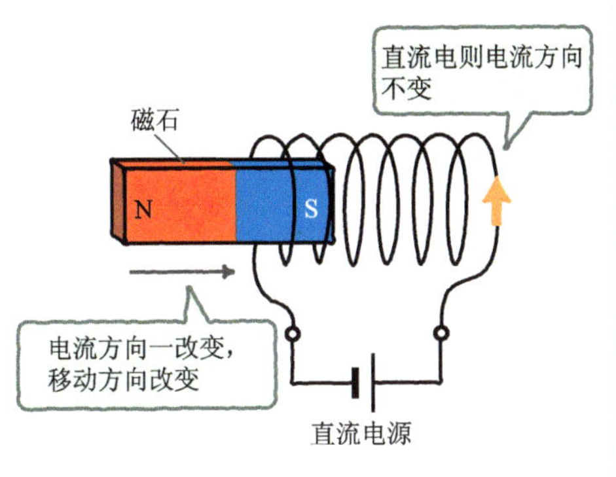

b 汽缸的构造与功能

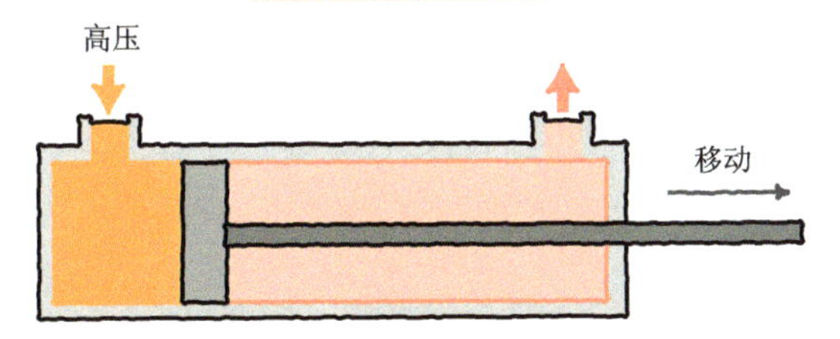

c 电磁阀的构造与功能

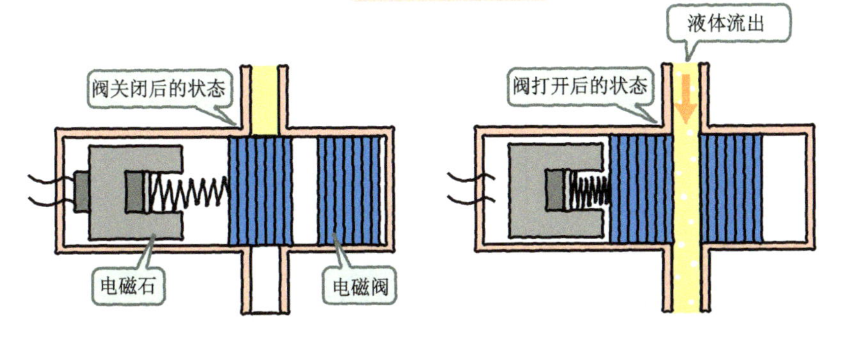

024 感应器和开关对掌握周围情况的必要性

顺序控制检测周围情况时需要利用各种感应器。使用这些感应器的开关被称作**检测用元件**。

感知光的感应器中有硫化镉(CdS)和使用半导体的光电晶体管。CdS被用于检测反应速度过慢的机器或周围环境的明暗情况。于此相对应,光电晶体管对红外线敏感,多用于一种叫做**光电开关**的防盗用开关。如图1(a)所示,通过红外线发光二极管发射人眼看不到的红外线,同时在另一头的受光器上安装光电晶体管,用作接受红外线。当入侵者隔断红外线,就和图1(b)增幅电路正好构成一个防盗用开关。

如图2所示,微动开关或磁感应近接开关等通过机械动作直接打开或关闭的开关也可以用来制作检测元件。例如自动门或升降电梯门的开闭所使用到的微动开关(图2(a)),它利用条杆或杠杆检测操作对象的动作位置。还有,图2(b)所示的磁感应近接开关是一种通过磁力动作的先导型近接开关,常用于门或窗的开闭,充当警报器之类的感应器。磁感应近接开关的动作方法分为两类,一类是利用磁石动作的磁石动作型,另一类是利用铁或镍等强磁性体动作的铁板动作型。不过这些开关的电流容量很小,基本上不用于电力电路的开闭。

翻动开关或肘节开关等有时候会用于电力电路的开闭,但被用作"命令元件"时,电流容量小的开关就足够了。微动开关就是一种检测开关设计。

- 半导体感应器组成的开关必须用在增幅电路中
- 微动开关和磁感应近接开关都是一种处理信号用的开关

图1 使用感应器的开关

a 防盗光电开关

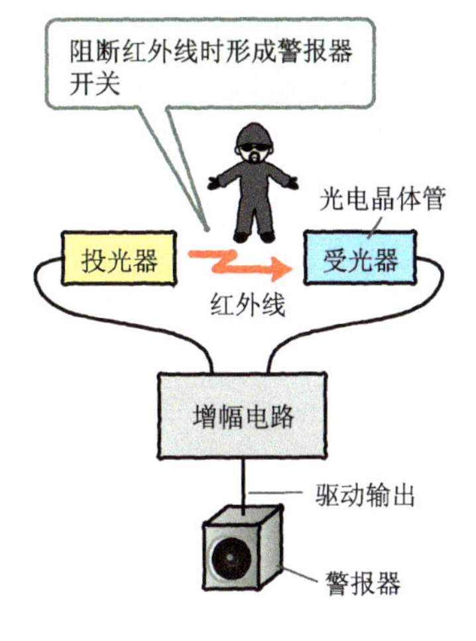

b 感应器和控制继电器

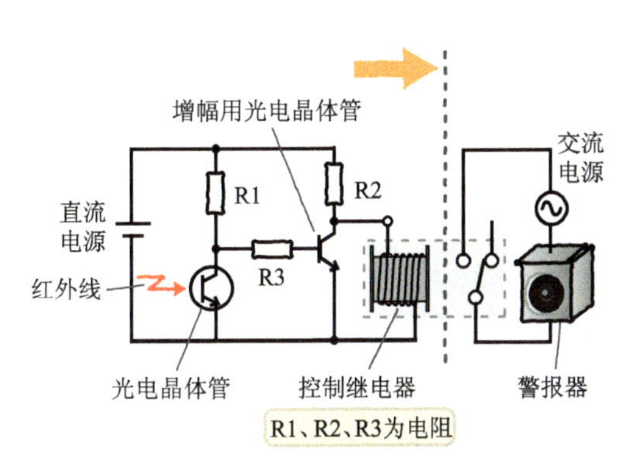

R1、R2、R3为电阻

给光电晶体管发出的电气信号增幅，驱动控制继电器的线圈

图2 使用机械开关的感应器

a 微动开关

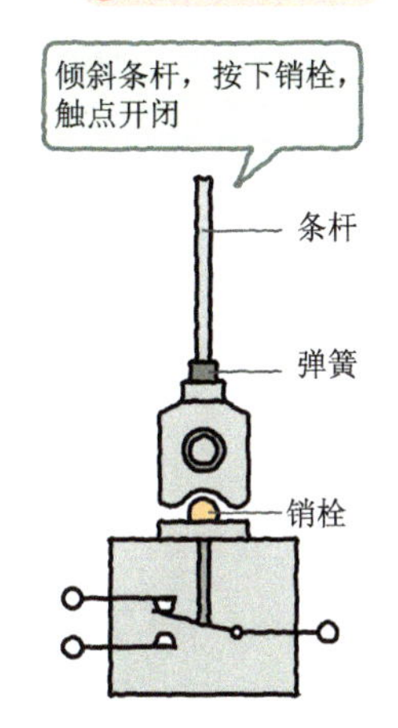

b 磁感应近接开关

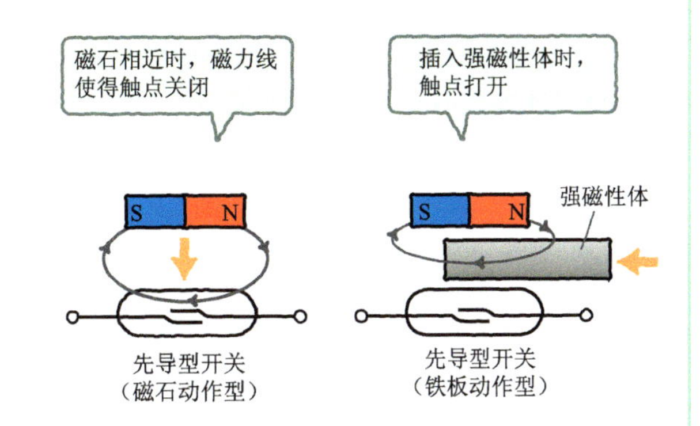

先导型开关（磁石动作型）

先导型开关（铁板动作型）

名词解释

先导型开关 → 可用磁力主导开闭的铁片形成的触点

025 电灯或蜂鸣器会告知控制的状态

在顺序控制中,电灯或 LED 等东西会向人告知控制状态的机器称为**显示器**,蜂鸣器或响铃的东西通过声音发出警报的机械称为**警报器**。

设备内设置的消火栓中红灯是经常点灯的。那红灯虽只是表示消火拴的存在,但使用的灯是称为白炽灯的电灯,与用于顺序控制的电灯是一样的。这种白炽灯与一般家庭中使用的原理相同,在交流电及直流电中都可使用,其使用电压的范围也是各种各样的。

如图 1(a)所示,在交流电中使用的情况时,可用变压器(transformer)降低电压后使用。灯丝一断白炽灯的寿命则结束。与此相对,LED 是在直流电路中使用的显示器,虽使用电压的范围狭小,但电力消耗低且寿命较长。电脑或电视机等的家电产品的电源接入方式一定使用 LED。在表示数值或文字的东西中,有 7 个 LED 组合在一起的**7 段 LED**。并且,做成点矩阵的构造,也使用了可表示文字或简单图像的 LED 面板。同时,因寿命长或电力消耗低的缘故,最近信号灯也逐渐由白炽灯更换为 LED。

响铃可发出大的声音,所以用于通知危险度高的非常状态。例如,火警警报设备发出的尖锐声音就是响铃的声音,声音大到可使福利单位内的全员都可以听到。而蜂鸣器则用于向较小范围内的作业人员通知危险情况发生,但这种情况的危险度通常都很低,比如,机械识别到开关被按下的信号或通知作业结束的信号等。

- LED因是低电力消耗且寿命长的显示器，作为代替白炽灯的显示器而使用

图1 显示器的构造

a 变压器内置型显示灯的原理

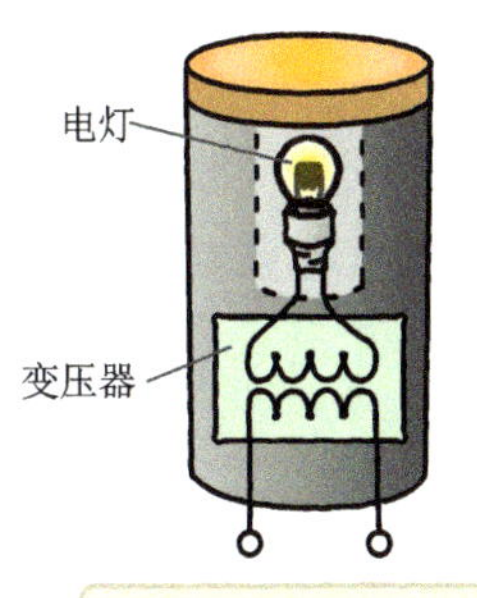

将交流的200/100V的电压降到6V来使用

图表符号

b 发光二极管（LED）

LED具有极性，在连接时需要注意

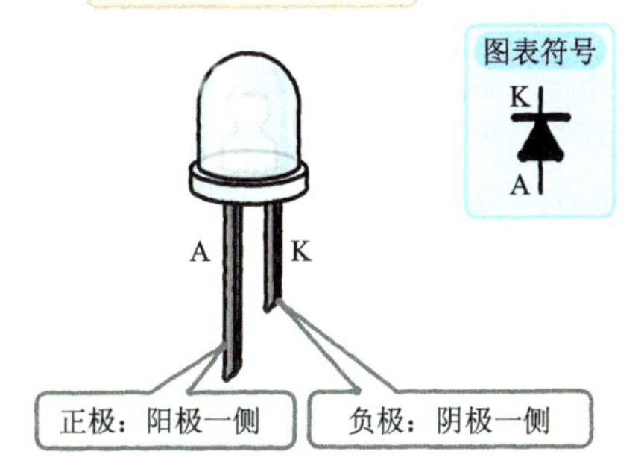

图2 报警器的构造

a 警报蜂鸣器的原理

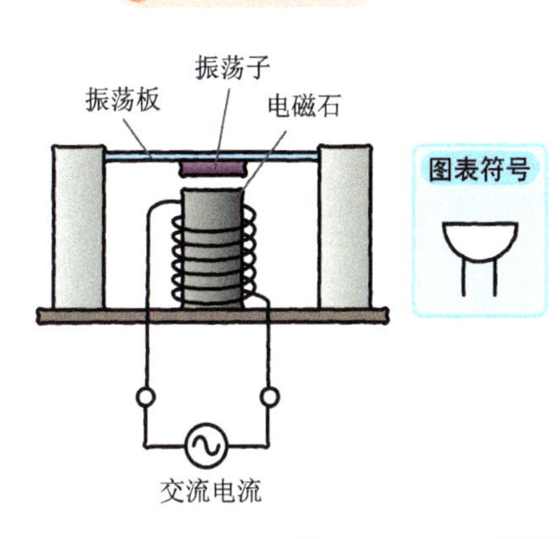

b 警铃的原理

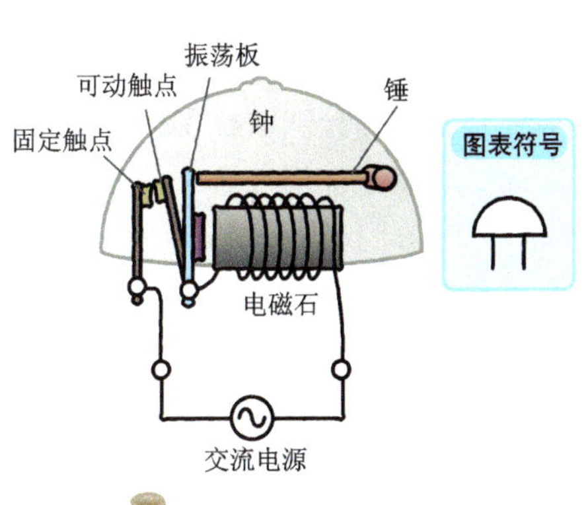

响铃用于重大事故时，蜂鸣器用于轻量事故的时候

名词解释

LED → 发光二极管（Light Emission Diode）的省略，用微弱电流可产生光的半导体

026 顺序控制由信息处理和驱动两部分构成

顺序控制中有一种叫"条件控制"，即按下开关或者感应器检测光或压力随即引起动作的一种控制方式。它在感应器或开关发出的数字信息的基础上进行判断和计算，接着开始动作，我们可以把这一段看作"**信息处理部分**"，如图 1 所示。还有一种叫"时限控制"，即管理时间的控制。还有计算个数和次数的"计算控制"，以及用于记忆设定次序的"次序控制"。所有这些都属于处理信息的部分。信息的处理由控制继电器或逻辑 IC 等电子电路完成，而那些伴随着复杂信息的自动洗衣机和自动售货机等用到的则是微型计算机（参照第 6 章）。

起动电机的部分以及点亮电灯的部分叫"**驱动部分**"，主要指打开或关闭电能通路的机械开关，也就是常说的电磁继电器或电磁开关器。当需要开关的开闭提前动作时，用半导体制作的**无触点继电器**（参照第 5 章）开关能够打开或关闭电力电路的通路。

如上所述，顺序控制可以分成两部分来分析：一是几乎不需使用能源的"信息处理部分"（需要控制的是：检测状态、发出命令）；二是开闭电力电路的"驱动部分"（被控制的部分）。

此外，顺序控制还有一个非常重要的特征，那就是开关电路能够使控制按顺序一步一步地完成。

• 顺序控制的控制电路中需要用到电磁继电器、逻辑IC、微型电脑等元件

图1 顺序控制的构成

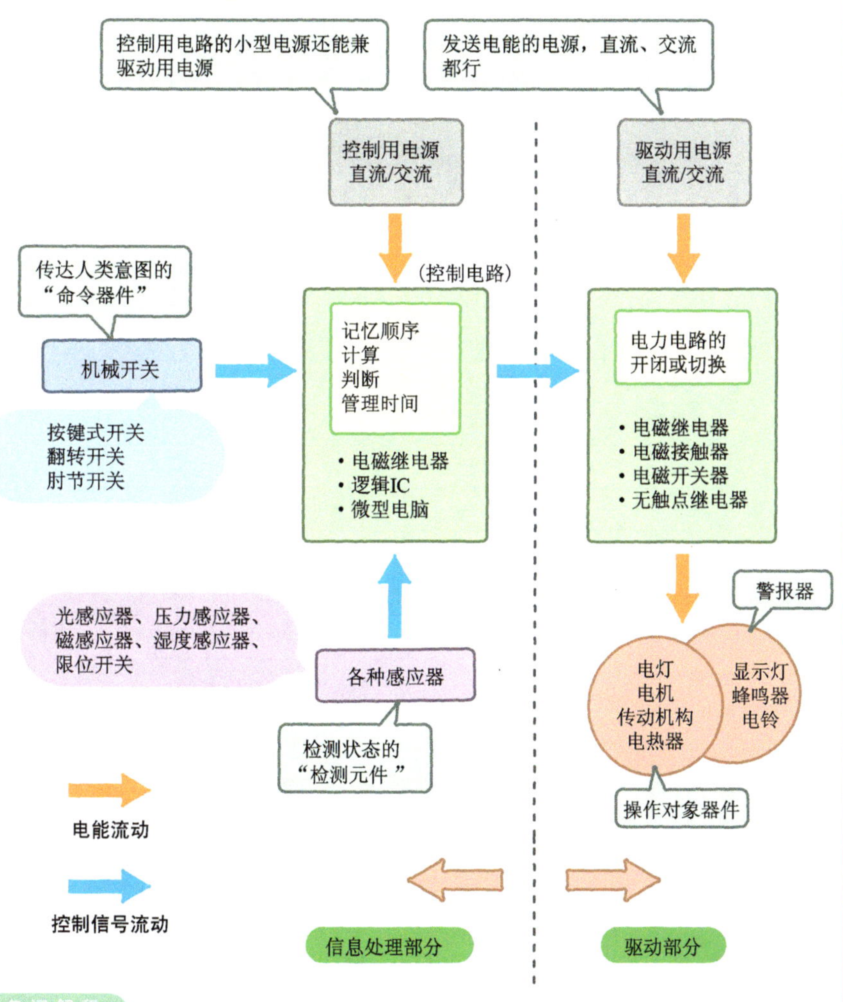

名词解释

数字信息 → 传递开或关状态（2值状态）的信息

文字符号对照

控制元件　名称的简化符号称作**顺序控制符号**，用于顺序控制图。

表 1　主要顺序控制符号

用语	文字符号	用语	文字符号
控制开关	CS	电磁接触器	MC
按键式开关	BS	电磁开关器	MS
翻转开关	TS	阻断器	CB
闸刀开关	KS	配线用阻断器	MCCB
脚踏开关	FTS	漏电阻断器	ELCB
肘节开关	TGS	电磁继电器	R
旋转开关	RS	计时器	TLR
切换开关	COS	热敏继电器	THR
非常开关	EMS	辅助继电器	AXR
限位开关	LS	电铃	BL
浮球开关	FLTS	蜂鸣器	BZ
液位开关	LVS	红色显示灯	RL
近接开关	PROS	绿色显示灯	GL
光电开关	PHOS	黄色显示灯	YL
压力开关	PRS	电机	M
湿度开关	THS	诱导电机	IM

电磁继电器构成的顺序控制基本电路

我们在这里选取实际生活中最具代表性的顺序控制来给大家讲解。我们将顺序控制的基本电路看做一个功能器件，其中会涉及顺序控制电路的识别方法和时间表的制作方法，以及电磁继电器构成的逻辑电路。

027 程序控制电路的基本画法

在第 2 章中已经介绍了电磁继电器是由电磁铁及由其驱动的开关（触点）两部分组成的。其两条电路都是绝缘的，开关（触点）是利用电磁铁的磁力驱动的。电磁铁部分主要是接受按钮式触点等的指令进行动作，然后带动开关（触点）部分的负载灯管和电磁接触器工作。另外，电磁继电器有常开触点（a 触点）和常闭触点（b 触点），分别用于接通电流和切换电流。

在图 1(a)中，由于常闭触点（b 触点）跟灯管 2 连接，所以接通电源后，灯管 2 亮起，灯管 1 熄灭。如果按下按钮式开关，灯管 1 亮起，灯管 2 熄灭。拨离按钮式开关，则恢复到原来的状态，灯管 2 亮起，灯管 1 熄灭。这样，在电磁继电器的电路中，通过按下和拨离按钮式开关，实现灯管的亮灭转换。

由于沿控制线路会更容易理解其工作流程，所以按照工作顺序画程序控制电路会更容易，这样画出的电路图被称为**程序图**。若将(a)电路纵向画成程序图，就变成了(b)电路的样子。在程序图中，电磁继电器的电磁铁和触点（a 触点，b 触点）是分离的。触点位于上部，电磁铁的线圈和负载灯管位于下部。另外，电源不画入图中，电源的电力供给线（电源母线）上下各画一条。使用直流电时，在上线（正极）处标注 P，在下线（负极）处标注 N。使用交流电时，在上面一条线处标注 R，下线处标注 S。

- 程序图中触点和电磁铁的线圈是分离的，且电源不画入图中

图1 使用电磁继电器的电路的画法

a 由电磁继电器控制灯管亮灭的电路

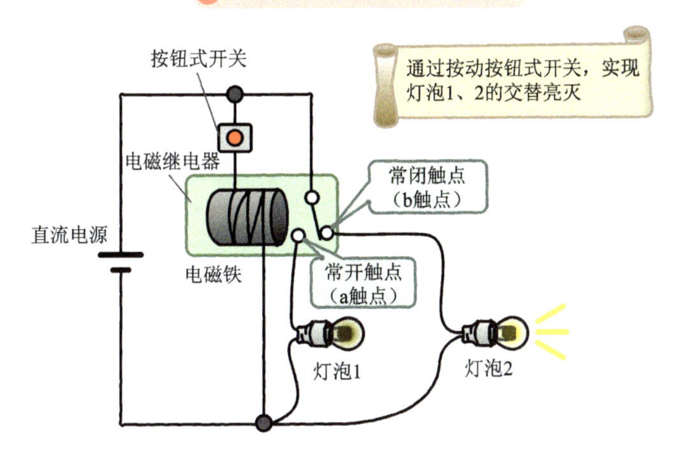

b 程序图（竖写）

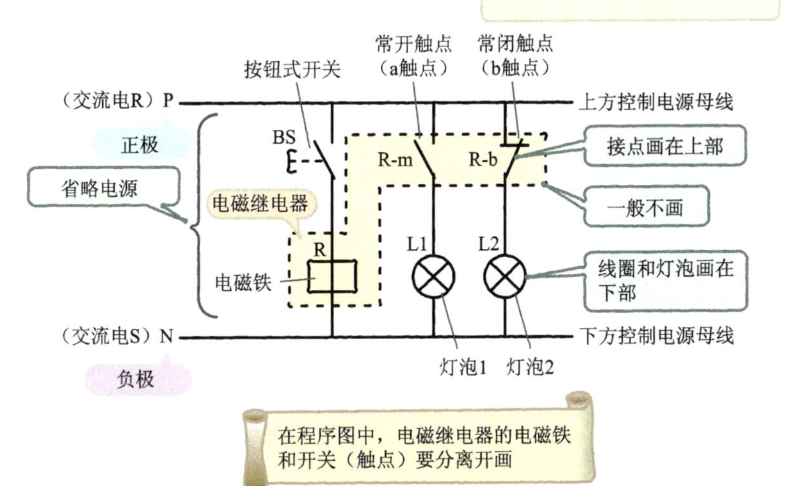

在程序图中，电磁继电器的电磁铁和开关（触点）要分离开画

名词解释

负载 → 靠电工作的部分，比如电灯、发动机

028 用时序图记录机器运转的状态

顺序图有的是纵向绘制，有的是横向绘制。控制顺序的基本流程原则上是从左至右、从上至下。由于控制动作不论交流或直流都一样，因此控制的电源母线记号(直流标记 P 和 N，交流标记 R 和 S)通常都省略。

图 1(a)即一幅纵向绘制的电灯开关控制顺序图——前章(027)对此有过介绍。而图(b)则是用横向绘制方法将其绘出。图(c)表示的是控制的动作流程(**流程图**)。打开电源、按键开关 BS 引发动作开始——这样一个十分简单的动作过程描绘成流程图就变成长长的①-②-③-④。但是这种流程图在顺序控制中的重要性很大。有时我们会这样表述这个流程：每次按下按键开关，电灯交替反复地亮灯——可我们还是无法掌握控制的动作。实际上，这里按键开关被按下和被放开都有其动作意义。而用来形象、简单地表达出这些动作意义的，就是图(d)——**时序图**。

时序图的横轴表示与各元件动作状态相**对应**的时间。各元件的状态用 2 值(数码)表示。例如，电灯的状态是“亮灯”和“灭灯”，电磁石则有“动作”和“复位”(回到初始状态)，按键开关 BS 等开关类则有“闭”(开关闭合状态)和“开”(开关打开状态)，他们都有两种状态，绘制图表时就用 2 值来表示这两种状态。图(c)是流程图，按顺序记录整个机器的控制动作的变化，而与这种表示控制动作流程相对应的是，通过图(d)时序图，我们又能观察各个元件动作每时每刻发生的变化。

- 顺序图可以纵向绘制也可以横向绘制
- 表示控制流程的有流程图，表示时间变化的有时序图

图1 顺序图、动作的流程图和时序图

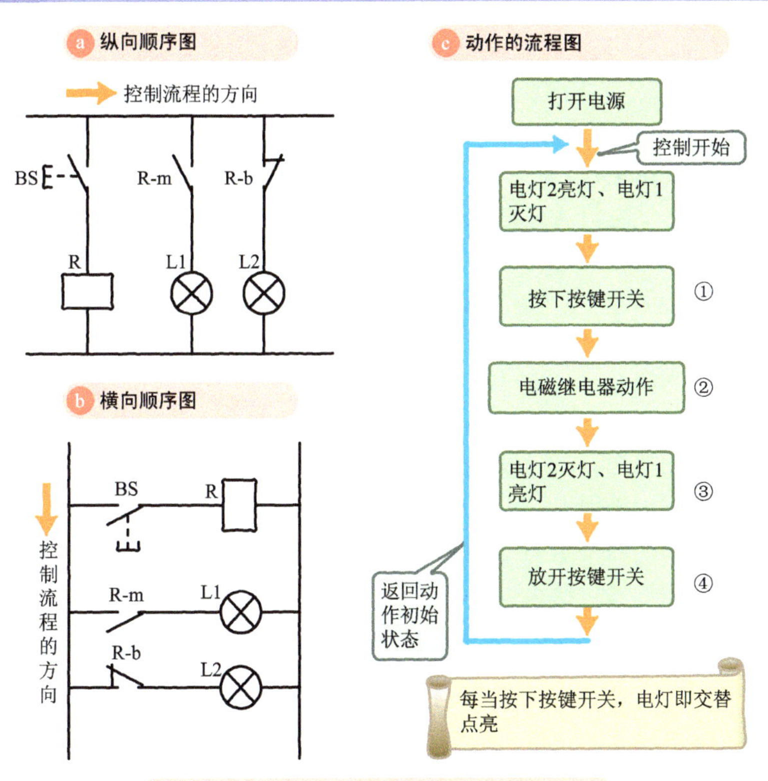

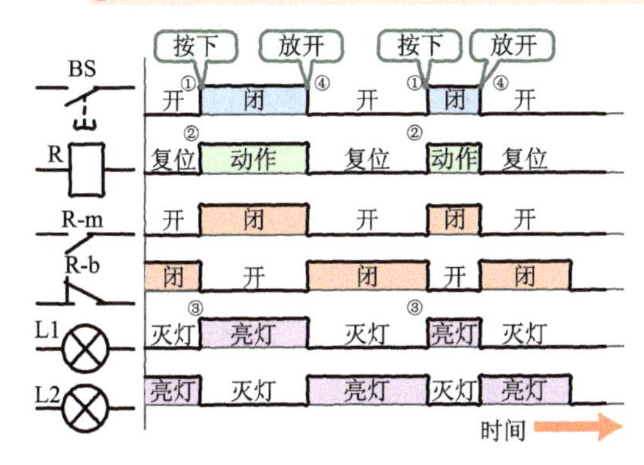

029 电磁继电器的动作时间延迟现象

由于电磁继电器是一种机械式触点，从按下按键开关发出动作指示开始，到动作结束，需要一定的时间。比如(028)中电灯的亮灯电路，①按下按键开关，②电流通过电磁石，③引力引起触点被吸附、动作结束。整个过程需要极短的时间。

图1(c)，即在(028)时序图的基础上，将按键开关BS被按下到被放开的时序图放大来看。在按键开关BS被按下的时间点，电磁石吸住触点时，首先常闭触点(b触点)从“闭”变为“开”，常闭触点(b触点)和常开触电(a触点)在一瞬间同时处于“开”的状态。接着，常开触电(a触点)从“开”变为“闭”。同样地，我们看按键开关BS被放开时的状态：①电流被切断、电磁石引力减弱，②引力逐渐消失、常开触点从“开”变为“闭”。此时，只有一瞬间两个触点都处于“开”的状态，最终常闭触点(b触点)从“开”变为“闭”，复位结束。

当电磁继电器成为切换触点(c触点)，常闭触点(b触点)和常开触电(a触点)开闭时就会存在极其短暂的时间差。在进行高速而复杂的动作时，必须考虑到触点的过渡性反应动作。并且，在机械性触点闭合时，会产生“**抖振**”现象。该现象仅在一瞬间出现，表示开关打开或关闭时中间所处的一种状态。在输入性的按键开关中也存在抖振现象，但是由于电流容量很小，通过电容之类的电子电路就可以去除。再有，在机械性触点闭合时，会产生一种“**弧形放电**”现象，通常可以用“**消弧装置**”减轻其影响。

- 在电磁继电器发生过渡性反应时，会产生抖振或弧形放电现象

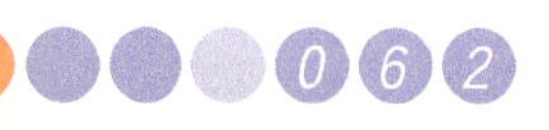

图1 电磁继电器的动作延迟现象

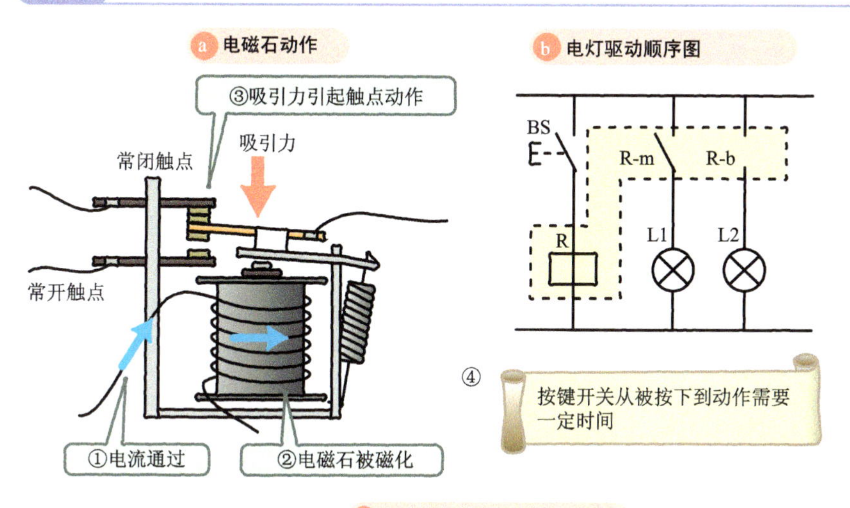

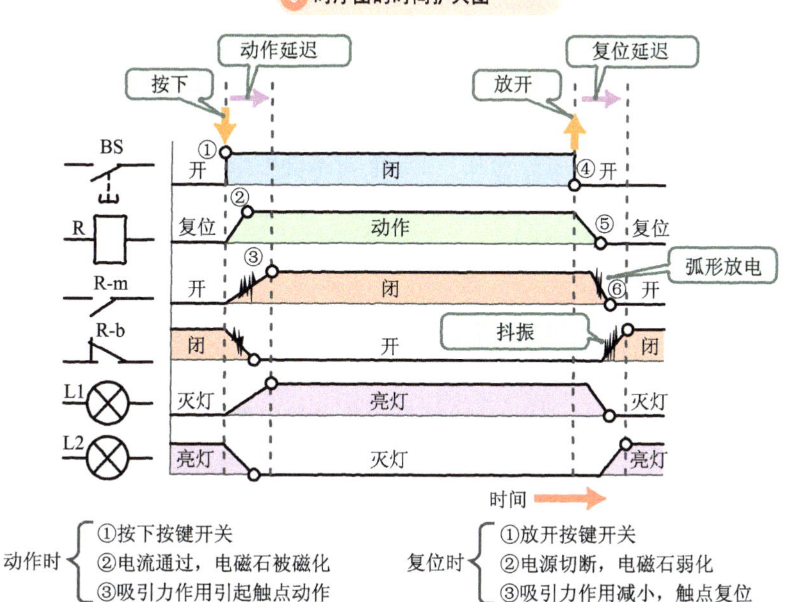

动作时 ①按下按键开关
②电流通过，电磁石被磁化
③吸引力作用引起触点动作

复位时 ①放开按键开关
②电源切断，电磁石弱化
③吸引力作用减小，触点复位

名词解释

过渡性 → 一种从现在的状态朝另一种新状态移动变化过程中表现的状态

电磁继电器自我开启的"自锁电路"

在(029)的电路中,要使电灯持续亮灯,就必须一直按住按键开关BS。如图1(a),在给电路配线时用上电磁继电器(R)的常开触点(R-m),就会形成一个"**自锁电路**"。"自锁电路"的动作流程是:①按下按键开关BS;②电流通过电磁石;③电磁继电器(R)的常开触点(R-m)闭合;④形成了另一条流通辅路可让电流流过电磁石。因此,即使放开按键开关BS,电流仍然持续不断地流入电磁石,并在按键开关BS一开始被打开后始终保持这种状态。所谓自锁电路,就是指电磁继电器(R)接到电气信号后利用自身的触点创造出了一条新的动作电路(**动作辅路**)。

图1(b)表示的就是自锁电路的时序图。可以看出,按键开关BS从一开始被打开后电路就进入了自锁状态,即使"打开"开关,也不影响电磁继电器(R)继续动作。

再看图1(a)电路,再次接入电源时电路复位,此时按键开关BS才重新发挥作用。

图1(c)是一个用按键开关BS重新组合的电路。从按键开关BS1进入的自锁状态,由于按下按键开关BS2(常闭触点)电流即被切断,因此电磁继电器(R)的常开触点(R-m)打开。所以,即使放开按键开关BS2,但因常开触点(R-m)已打开,使得动作终止、电磁继电器(R)重新复位。

图1(c)电路的按键开关BS2被按住的时候,即使按下按键开关BS1,自锁电路也无法动作,这是因为用来重组电路的按键开关BS2具有优先权。因此图1(c)是一种"**重置优先自锁电路**"。

- 自锁电路通过电磁继电器的常开触点创造出了一条能够保持自身运转的辅助回路

图1 有电磁继电器参与的自锁电路

a 自锁电路

b 自锁电路的时序图

常开触点(R-m)在同一个电磁继电器中
①按下
BS
③关闭
R-m
②电流一瞬间流通
R
④电流继续在辅路中流通
②一瞬间关闭
按下
放开
BS
①
开
闭
开
③
R
复位
动作
④
R-m
开
闭
时间
按下BS的瞬间
按下按键开关，电磁继电器动作；放开开关，电磁继电器仍继续动作

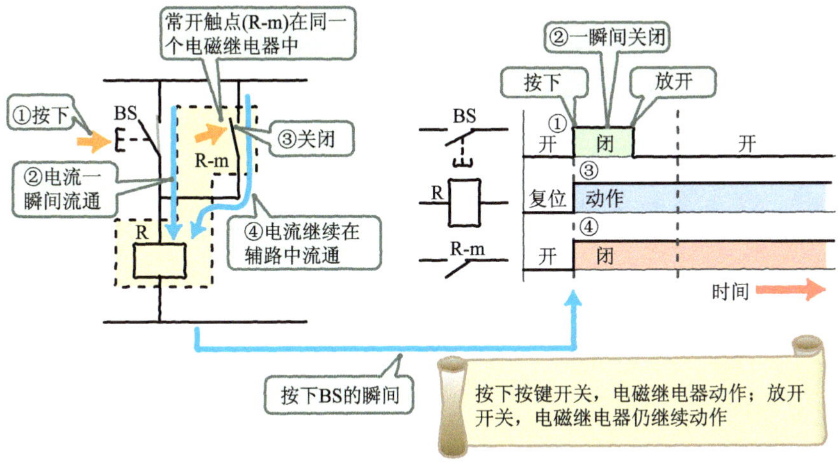

c 重置优先自锁电路的动作

d 重置优先自锁电路时序图

因为按键开关BS2被按住时不动作，所以被称为重置优先
BS1
R-m
BS2
重置
R
按下
放开
此处重置
按下
放开
BS1
开
闭
开
BS2
闭
开
闭
R
复位
动作
复位
R-m
开
闭
开
时间
按下重置瞬间
按键开关BS2被按下后恢复到最初的状态

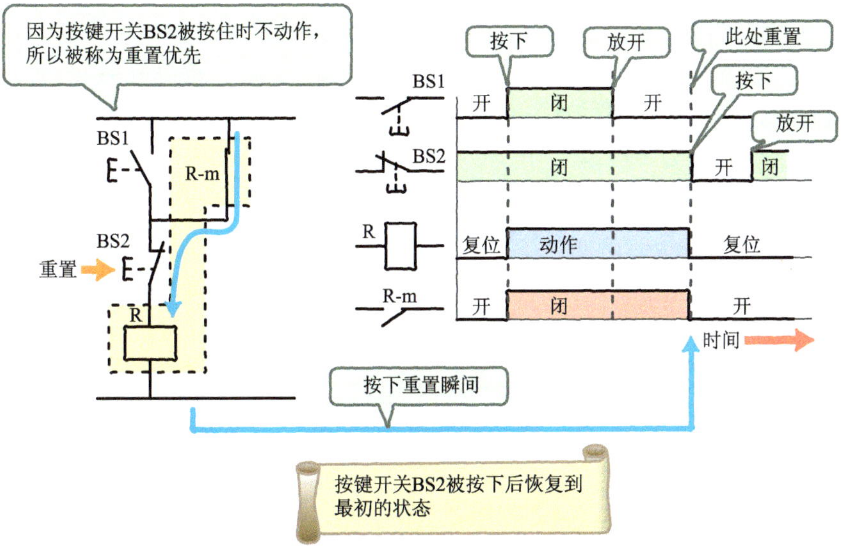

031 自锁电路是电气信号的输入电路

如图 1(a)所示，接通开关后电磁继电器进行动作的电路，利用翻转开关 TS 也可构成。这时，如图(a)的时序图所示，一接通翻转开关 TS，电磁继电器(R)开始动作，一切断翻转开关 TS，电磁继电器(R)则恢复。而且，因为通过翻转开关 TS 的电流，电磁继电器(R)持续动作。因此，翻转开关 TS 的情况为，在输入电器信号的同时，并持续向电磁石提供能量。由此，开关的触点容量增大，成为利用以手动操作为目的的利用。

与此相对，在图 1(b)所示的自锁电路中，按键开关 BS 使电磁石只动作一瞬间，持续驱动电磁石的能量通过自身的常开触点(R-m)进行。这样，图 1(b)的按键开关 BS 可作为输入电气信号的开关而使用。而且，为了使电气信号持续保持被输入一次后的状态，自锁电路可考虑为具有**记忆功能**的电路。也就是说，因为 1 个自锁电路可以记住电气信号输入或没输入的 2 个状态，所以在信息处理的表现中称为可记忆 1 **比特的信息**的电路。这样的自锁电路起着将控制动作从机械性的动作向处理电气信号(信息)的功能过渡的作用。

自锁电路因可以分离电气信号(信息)的输入电路(按键开关)与向电磁石提供持续能量的供给电路，所以基于传感器、计数器或计时器等输出的电子操作成为可能。

- 自锁电路可记住1比特的信息，电子操作成为可能

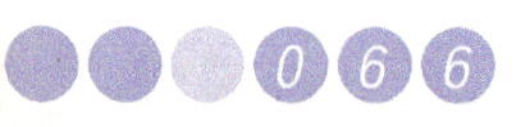

图1 自锁的电路

a 使用翻转开关的自锁电路与时序图

b 使用按键开关的自锁电路与时序图

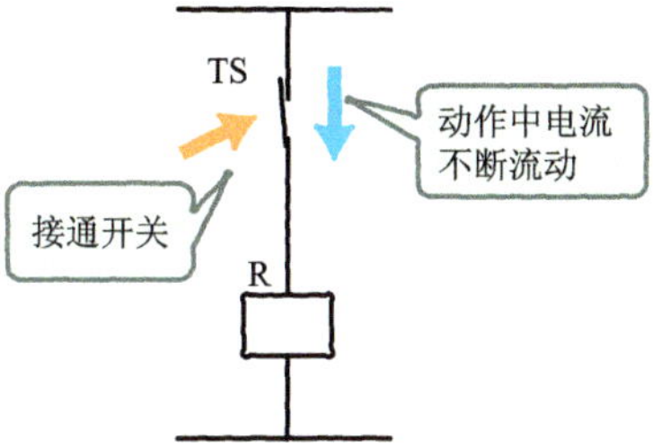

控制用的开关其容量增大

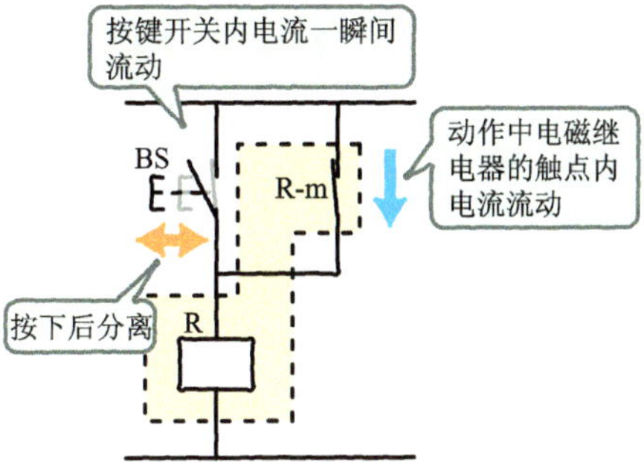

控制用的开关是小型的也没问题

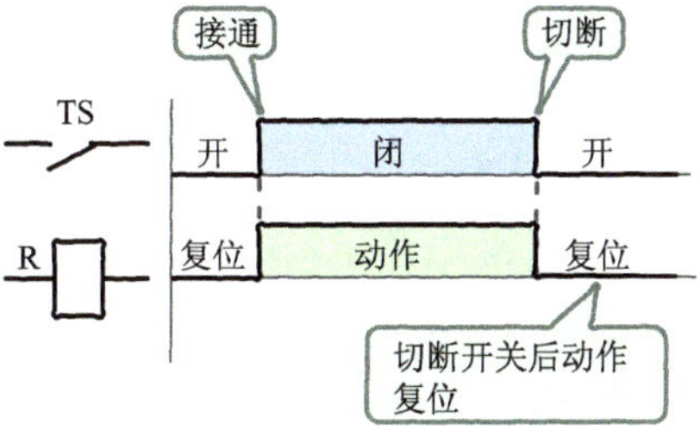

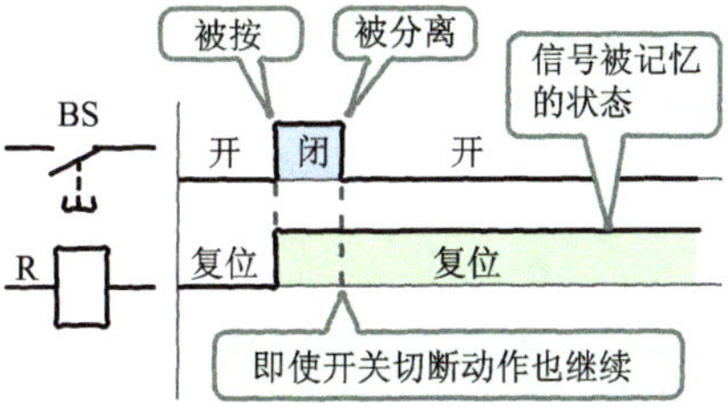

自锁电路中因为形成小型的电器信号的输入电路，为了在微弱的电气信号下可以动作，可更改为电子性的控制电路

名词解释

1比特的信息 → 指信息的最小单位，表示有或没有的2数值状态

032 根据开关不同电磁继电器有动作电路与复位电路(NOT)

电磁继电器的线圈如电流流动,常开触点(a 触点)闭合,常闭触点(b 触点)则打开。而且,电磁继电器确认了根据按键开关等电气信号动作的情况。特别是按键开关是人发出的机械动作被转换成电气信号(信息)的部分。

例如,在图 1(a)的电路中,一旦按下按键开关 BS,电磁继电器 R1 动作起来,因常开触点(a 触点:R-m)闭合则电磁继电器 R2 动作起来。如图(c)所示,按键开关被按下的动作与"1"相对应,隔开按键开关的动作与"0"相对应。而且,在电磁继电器中,将各触点动作的状态对应为"1",恢复的状态对应为"0",如整理电路的输入输出动作(输出对于输入的应答),可完成如图 1(d)称为**真值表**的操作表。这个真值表在逻辑性的处理动作时是必要的。同时,利用这样的真值表可处理电气信号的电路称为**逻辑电路**。而且,图 1(a)的电路输出对于输入的应答相同,在顺序控制中将这样的电路称为**动作电路**。

同时,在图 2(a)的电路中,一旦按下按键开关 BS,电磁继电器 R1 动作起来,因常闭触点(b 触点:R1-b)打开则电磁继电器 R2 恢复。也就是说,一旦按下输入的按键开关后触点(R1-b)打开,输出的电磁继电器 R2 则恢复,这个动作的真值表则如图 2(c)所示。这种对于输入信号产生相反的输出的电路的情况.在顺序控制中称为**复位电路**,在进行逻辑性处理的电路中称为**非电路**(NOT 电路)。

- 将输出对输入的应答做成的逻辑性表格称为真值表

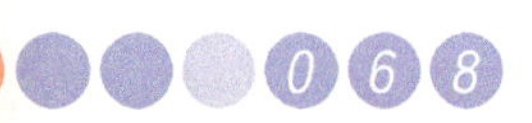

图1 基于电磁继电器的动作电路的动作

a 动作电路的顺序图

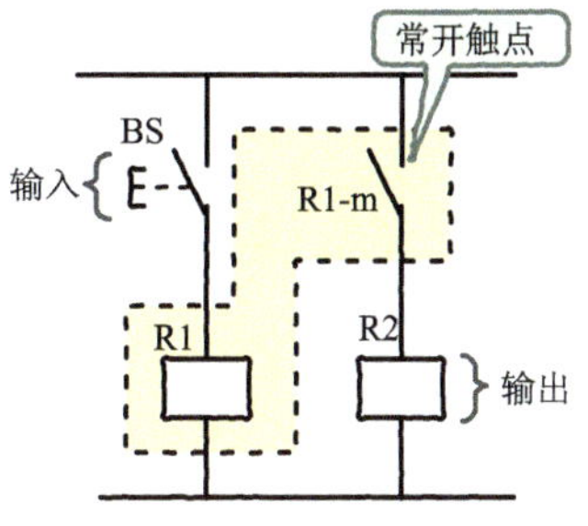

b 动作电路的时序图

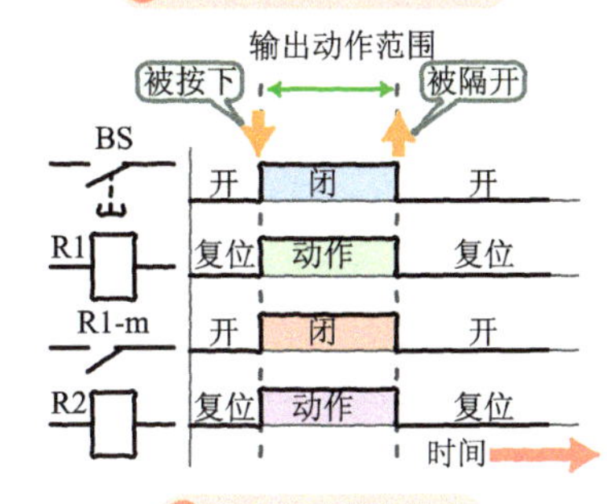

c 电路动作的定义

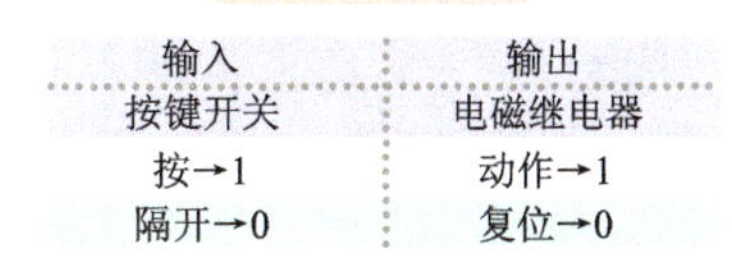

输入	输出
按键开关	电磁继电器
按→1	动作→1
隔开→0	复位→0

d 动作电路的真值表

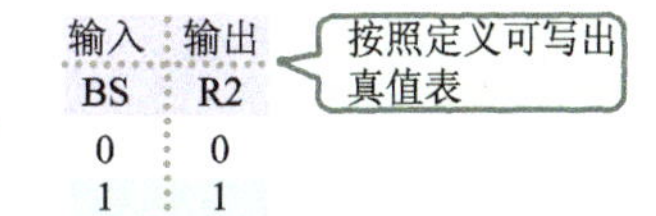

输入	输出
BS	R2
0	0
1	1

图2 基于电磁继电器的复位电路（NOT电路）的动作

a 复位电路的顺序图

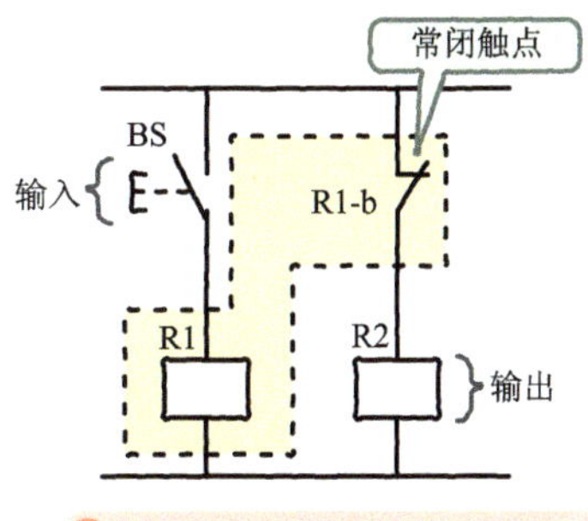

b 复位电路的时间表

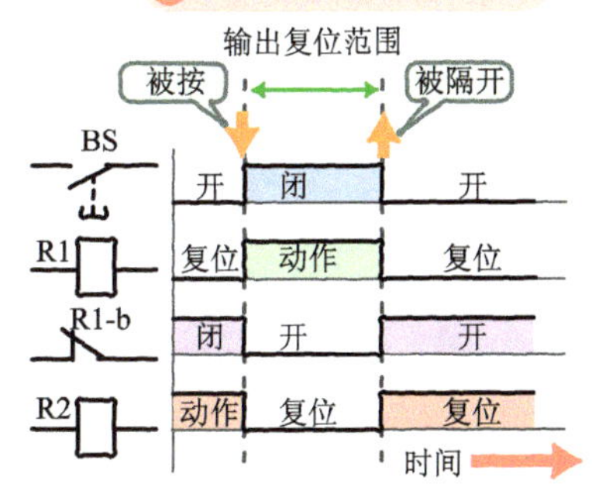

c 复位电路（NOT电路）的真值表

输入	输出
BS	R2
0	1
1	0

按下按键开关BS的时候（1的时候），输出电磁继电器复位（成为0）的电路称为复位电路（NOT电路）

名词解释

NOT电路 → 指对于输入而输出是相反的电路，也称为非电路

033 基于常开触点的电磁继电器的动作有AND与OR

在这里，我们来考虑一下输入的按键开关为复数的例子。如图1(a)所示，将常开触点(a触点)的2个按键开关(BS1与BS2)串联连接，如将电磁继电器(R)的应答作为输出看电路动作，可作出如图(b)的时序图。在一起按下两边按键开关(BS1、BS2)的范围内，电磁继电器(R)动作起来。如果将这种状态作成真值表则变成(c)，输入BS1、BS2一起为“1”的时候，输出(R)成为“1”，那之外的输入的时候，输出(R)则成为“0”。这样的电路称为**逻辑与电路**(AND电路)。第1章(006)的防盗灯中的cds(光传感器)与红外线传感器的构造为如果两侧感知不到，防盗灯则不会点灯。这正是cds与红外线传感器的应答成为逻辑与电路(AND电路)的理由。

如图2(a)所示，将常开触点(a触点)的2个按键开关(BS1与BS2)并联连接，如将电磁继电器(R)的应答作为输出看电路动作，可作出如图2(b)的时序图。这种情况下，只按下一侧的按键开关(BS1)或者(BS2)的时候，电磁继电器(R)动作起来。如果将这种状态作成真值表则如图2(c)，一侧的输入为“1”的时候，输出(R)成为“1”。这样的电路称为**逻辑或电路**(OR电路)。例如，人行横道的按键开关式信号，在道路两侧有2个按键开关，按下任何一个信号机都会给以对应。同时，电视机可用遥控器切换频道，但使用电视机本身带有的按键开关也可切换频道。这样的2个按键开关成为逻辑或电路(OR电路)。

- AND电路为“○与○”两侧，OR电路则是“○或者○”的任何一侧

图1 常开触点的串联电路

a 串联常开触点的AND电路

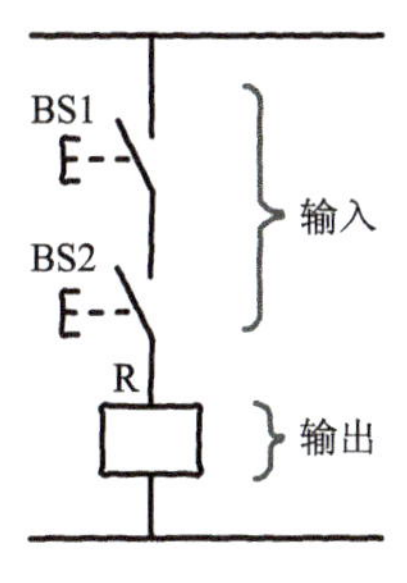

b AND电路的时序图

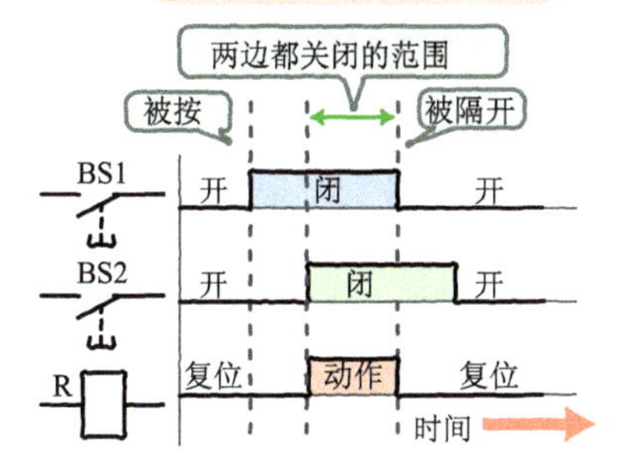

c AND电路的真值表

输入		输出
BS1	BS2	R
0	0	0
1	0	0
0	1	0
1	1	1

一起按下输入且为“1”的时候，输出成为“1”（动作）的电路称为AND电路

图2 常开触点的并联电路

a 并联常开触点的OR电路

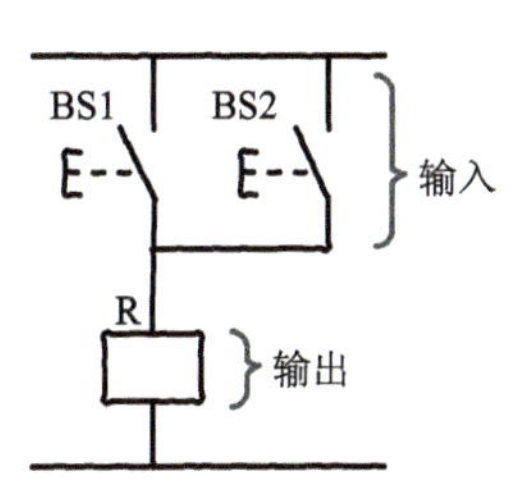

b OR电路的时序图

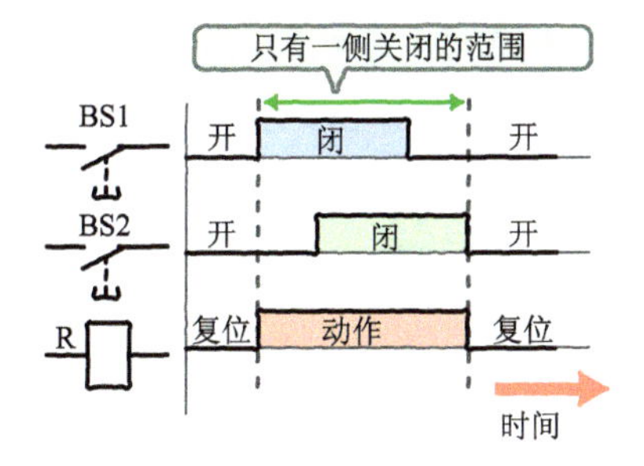

c OR电路的真值表

输入		输出
BS1	BS2	R
0	0	0
1	0	1
0	1	1
1	1	1

任何一侧输入为“1”的时候，输出成为“1”（动作）的电路称为OR电路

基于常闭触点的电磁继电器的动作有NAND与NOR

电动扶梯的紧急停止按钮在上下两侧都设有，按下任何一个都会紧急停止，通过常闭触点（b触点）给以对应。

如图1(a)所示，将常闭触点（b触点）的2个按键开关（BS1与BS2）串联连接，电磁继电器（R）的应答作为输出来看电路的动作则可作出如图1(b)的时序图。常闭触点（b触点）的按键开关，没按下的状态其逻辑性为"0"，这时开关关闭着。同时，按着的状态其逻辑性为"1"，这时开关是打开着的。因此，两侧的按键开关（BS1与BS2）在没按下的范围（全都为"0"）的时候，电磁继电器（R）动作起来。如将这种状态作成真值表则如图1(c)，输入（BS1、BS2）同为"0"的时候，输出（R）成为"1"，那以外的输入的时候，输出（R）则都为"0"。这种电路成为**逻辑或电路**（OR电路）的**非电路**（NOT电路），所以在合成（NOT电路）与（OR电路）的意义上，将其称为NOT＋OR＝**NOR电路**。

在图2(a)中，将常闭触点（b触点）的2个按键开关（BS1与BS2）并联连接，电磁继电器（R）的应答作为输出（R）来看动作则可作出如图2(b)的时序图。这时，按下其中一侧的按键开关（BS1或者BS2）的时候，电磁继电器（R）动作起来。如将这种状态作成真值表则如图2(c)，一侧的输入（BS1或者BS2）为"0"的时候，输出（R）成为"1"。这种电路成为**逻辑与电路**（AND电路）的**非电路**（NOT电路），所以在合成（NOT电路）与（AND电路）的意义上，将其称为NOT＋AND＝**NAND电路**。

- NOT电路将NOT+OR省略为NOR，NAND电路将NOT+AND省略为NAND

图1 常闭触点的串联电路

a 串联常闭触点的NOR电路

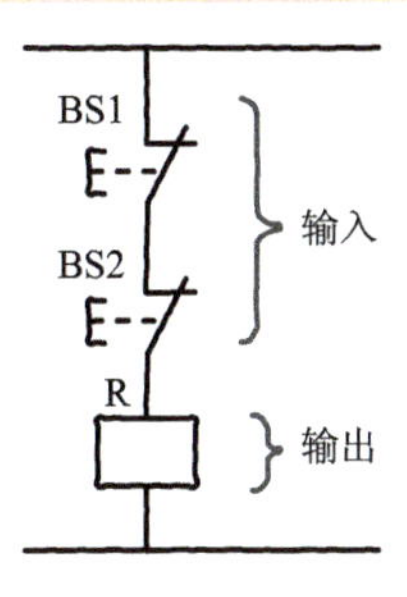

b NOR电路的时序图

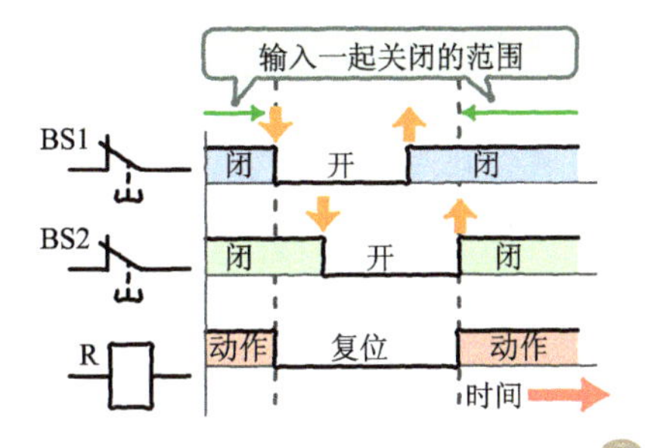

c NOR电路的真值表

输入		输出
BS1	BS2	R
0	0	1
1	0	0
0	1	0
1	1	0

没有同时按下输入且为“0”的时候，输出成为“1”（动作）的电路称为NOR电路

图2 常闭触点的并联电路

a 并联常闭触点的NAND电路

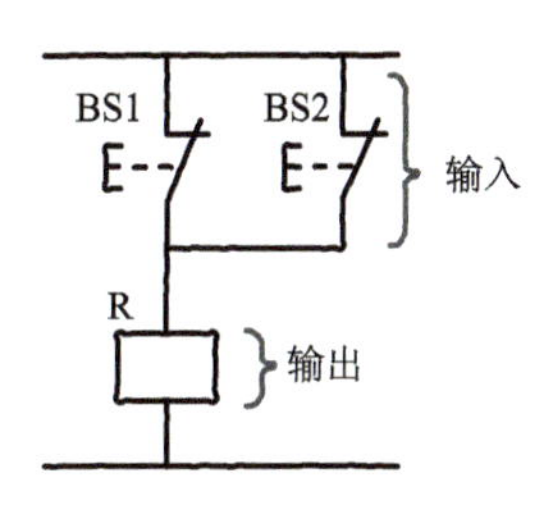

b NAND电路的时序图

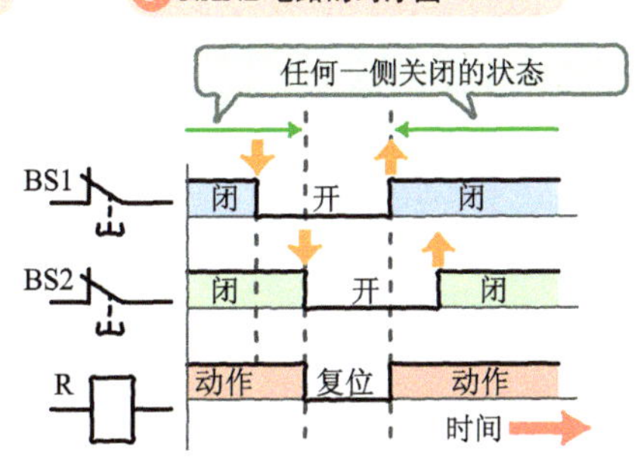

c NAND电路的真值表

输入		输出
BS1	BS2	R
0	0	1
1	0	1
0	1	1
1	1	0

不按下任何一侧输入且为“0”的时候，输出成为“1”（动作）的电路称为NAND电路

035 常开触点与常闭触点可形成不同步电路

如图1(a)所示，切换点(c触点)的2个按键开关(BS1与BS2)以互相差异的触点同伴进行串联连接。也就是说，常开触点(a触点)与常开触点(b触点)连接，而常闭触点(b触点)与常开触点(a触点)连接。而且，将电磁继电器(R)的应答作为输出(R)来看电路动作则可作出如图(b)的时序图。切换点(c触点)的按键开关(BS1与BS2)，在没按下的状态下，常闭触点(b触点)为“闭”，而常开触点(a触点)是“开”的状态。总之，没按下的状态其逻辑性为“0”，而按下了状态的逻辑性为“1”。如将这样连接的电路状态作成真值表则如(c)，输入的按键开关(BS1与BS2)的任何一侧被按下且为“1”的时候，输出(R)成为“1”，那以外的输入的时候，输出(R)都为“0”。这种电路称为**排他性逻辑与电路**(XOR电路)，输入不一致的时候，输出成为“1”，因此也称为**不同步电路**。

同时，切换点(c触点)的2个按键开关(BS1与BS2)以互相差异的触电同伴进行串联连接的情况下，两侧都被按下时与两侧都没被按下时(动作一致时)，输出都动作。这种情况称为**同步电路**。

如图1(d)所示，为使1层与2层之间存在的电灯点灯的情况下，一旦使用切换点的翻转开关(3路开关)构成同步电路，则可由2层的翻转开关来熄灭因1层的翻转开关点灯的电灯。因为常开触点(a触点)以及常闭触点(b触点)都固定着切换点的翻转开关，所以它可以说是同步电路。

- 排他性逻辑与电路在开关方向不一致时输出动作可考虑为不一致电路

图1 基于切换点的电路

a 使用切换点的XOR电路

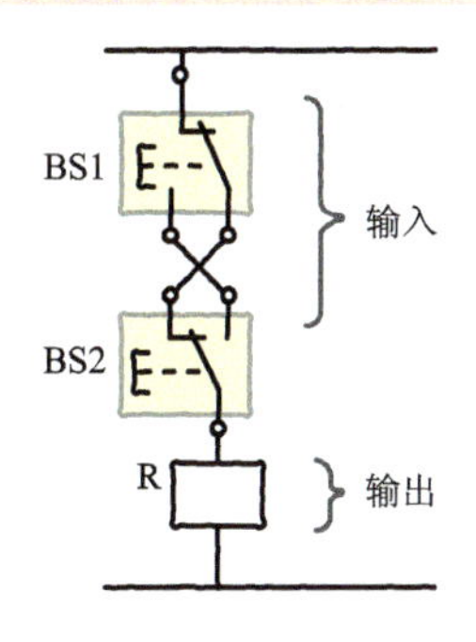

b XOR电路的时序图

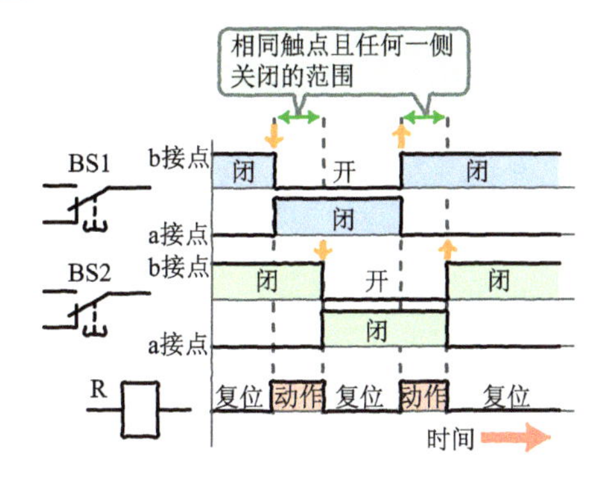

c XOR电路的真值表

输入		输出
BS2	BS2	R
0	0	0
1	0	1
0	1	1
1	1	0

同时按下或隔开任何一侧开关的时候，输出复位的电路称为排他性逻辑与电路（XOR电路）

d 家庭的电灯配线

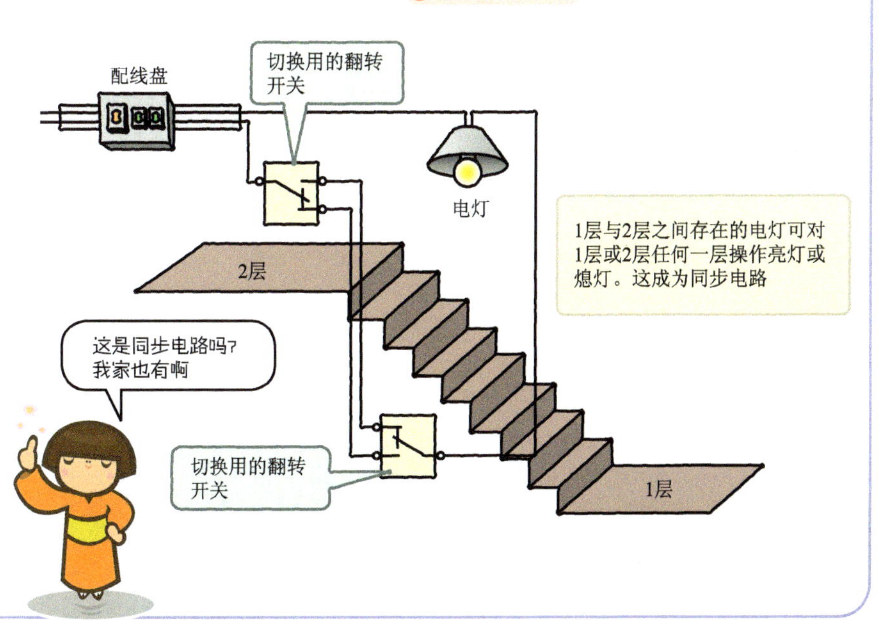

036 使用互锁电路使其他的电路不运转

如图 1(a)所示，因按键开关动作的 2 个电磁继电器电路(R1 与 R2)，在电磁石动作的电路中互相插入对方的常闭触点(b 触点)来阻止电路。这样，具有互相阻止其他电路的功能的电路称为**互锁电路**。

例如图 1(b)所示，按键开关 BS1 在被按下的期间，电磁继电器 R1 的常闭触点(b 触点:R1-b)打开，即使按下按键开关 BS2，电磁继电器 R2 也不会动作。最先按下按键开关的电路动作被优先，另一个电路不动作。这样的电路用于不可以同时动作的电路。例如，我们来看电梯门与轿厢的动作，门关闭后轿厢开始动作。同时，到达时轿厢停止后电梯门打开。虽然这是很自然的事情，但这是引入了互锁电路的想法并在安全的运行着。同时，电车的动作与门的开闭也是一样的。

如图 2(a)所示，将由自锁电路构成的 2 个电路配线到互锁电路上，一旦按下其中任何一侧的按键开关，开关被按了的电路会进行自锁，即使隔开按键开关其动作也会继续。因此，另一侧的电路在那之后会无法动作。在这样的电路中，如果不进行重置或重新接通电源就无法恢复原来的状态。这样的互锁电路也称为**并联优先电路**，用于可切换三相感应电动机的正逆转等开关的顺序控制电路中。

在图 2(a)中先按下按键开关 BS1 情况时的时序图如图 2(b)所示。

• 电梯的门与轿厢的动作成为互锁

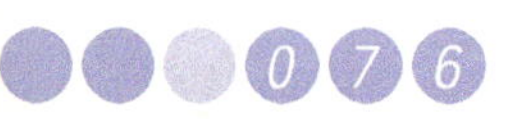

图1 互锁电路的基本构成

a 互锁开关的基本电路

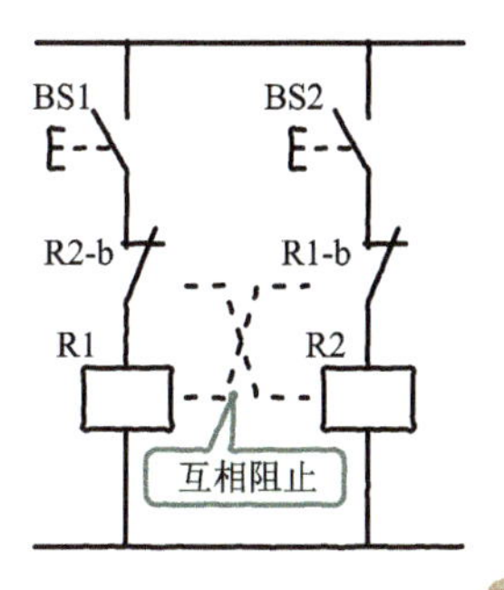

一侧阻止另一侧电路的动作的功能称为互锁

b 互锁电路的基本动作

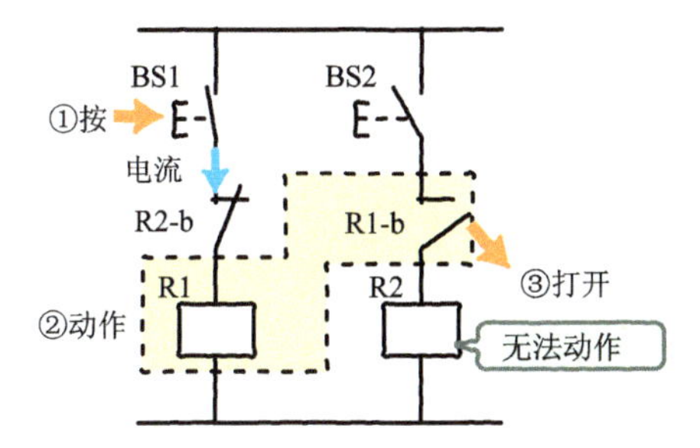

如BS1被按下则R1动作且R1-b打开，这种状态下，即使按下 BS2 且R1-b是打开着的，所以R2不动作

图2 带有自锁电路的互锁电路

a 带有自锁电路的互锁电路

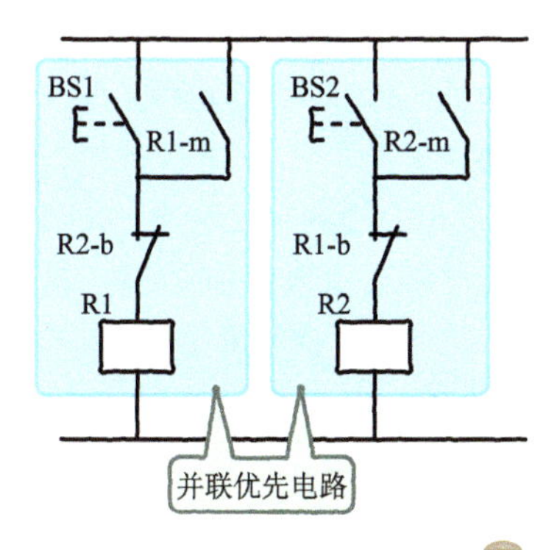

因为优先开关最先被按下的电路，被称为并联优先电路

b 带有自锁电路的互锁的时序图

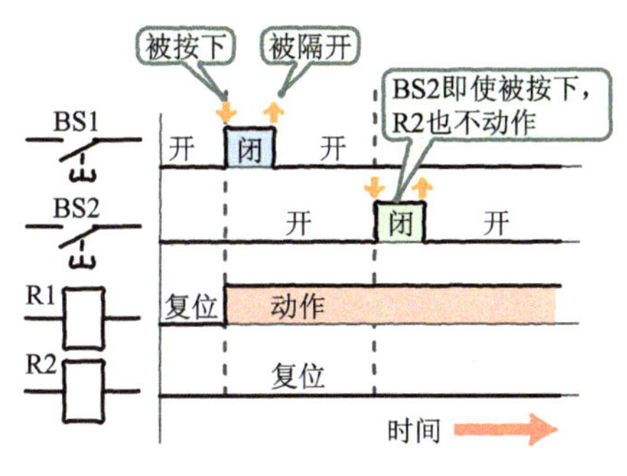

一旦按下BS1，R1则自锁，即使隔开BS1后，动作也会继续，而且即使按下BS2，R2也不动作

037 优先电路是电磁继电器按照优先等级高的顺序动作

运转几个开关并来运转机械的时候，有决定优先等级后进行运转的情况。

如图 1 中的(a)表示了使用了 3 个自锁电路的**优先电路**。在这个电路中形成了用优先等级高的电磁继电器的常闭触点(b 触点)切断下级自锁电路的连接方式。电源一侧的电源继电器 R1 优先等级最高，所以称为**优先电源电路**。

3 个电磁继电器(R1、R2、R3)中，配置在电源开始第 2 个的自锁电路动作的状态如图 1(b)所示。一旦电磁继电器 R2 动作起来，常开触点 R2-m 关闭并进行自锁的同时，常闭触点 R2-b 打开，下级的电磁继电器 R3 则被切断电气。因此，只要不复位电磁继电器 R2，电磁继电器 R3 则不会动作。在这种状态下，电源一侧的电磁继电器 R1 比电磁继电器 R2 的优先等级高，所以它可以动作。

图 1(c)表示了电磁继电器 R1 的动作状态。正在电磁继电器 R2 动作的时候，如使电磁继电器 R1 动作起来，电磁继电器 R1 进行自锁的同时，常闭触点 R1-b 打开，动作中的电磁继电器 R2 被切断电气，所以成为复位状态，下级的电磁继电器 R3 也不会动作。

也就是说，如将要优先的电磁继电器的常闭触点(b 触点)串联插入电源，那以后的电路就会被切断电气。但是，串联插入电源一侧的触点需要具有可对应那以后的负荷的触点容量。因此，它使用电磁接触器等的触点容量大的电磁继电器。

• 在优先电源电路中，电磁继电器的常闭触点(b触点)串联插入电源

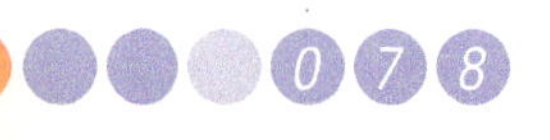

图1 优先电路的构成与动作

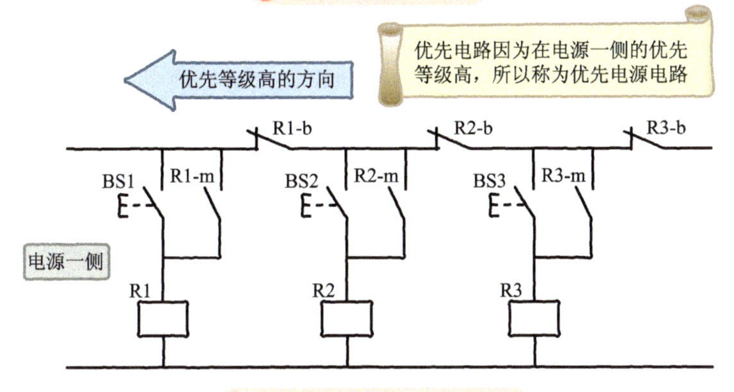

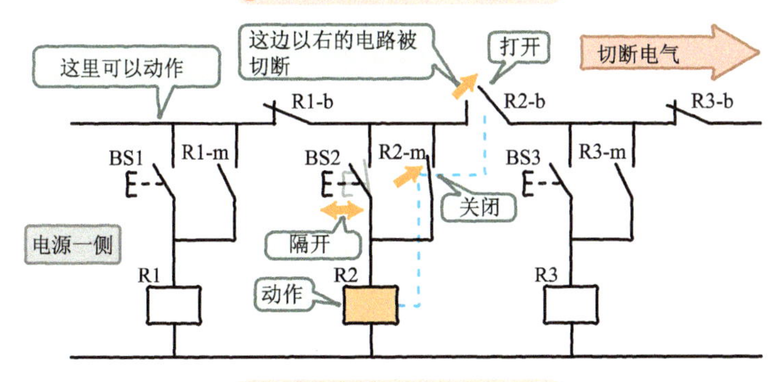

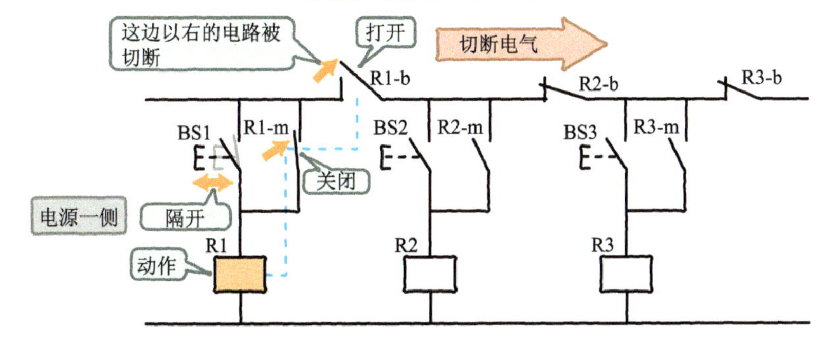

使用顺序动作电路来决定顺序后动作

起动机械的时候，有很多要求按照预先设定的顺序接通开关的情况。具体的事例有在第4章说明的称为三相感应电动机的Y-△起动的程序等。

优先电路是在复数电路中，只运转优先等级最高电路的电路构成。与此相对，**顺序动作电路**是对复数电路按照预先设定的顺序运转的电路。

图1的(a)表示了串联连接自锁电路的顺序控制电路。如图1(b)所示，一旦按下自锁电路1的按键开关BS1，自锁电路1通过常开触点R1-m进行自锁，与此同时，常开触点R1-m连接在向下一个自锁电路2提供电源的母线上。由此，一旦按下自锁电路2的按键开关BS2，自锁电路2就做好了动作准备。

图1(c)表示了顺序动作电路的时序图。在自锁电路1不动作的期间，即使按下自锁电路2的按键开关，自锁电路2也不动作。按照自锁电路1之后是自锁电路2的顺序进行动作。

自锁电路1的触点R1-m成为下一个电路的电源供给开关。因此，下一个电路消耗很多电力的情形时，必须更换为电流容量大的触点。在这里，为了使大家理解其原理，使用了控制继电器(小型电磁继电器)，但使用电磁接触器(图表符号不同)等触点容量大的触点情况增多。

- 顺序动作电路按照设定的顺序动作，最后所有电路都动作

图1 按照顺序动作的电路的构成与动作

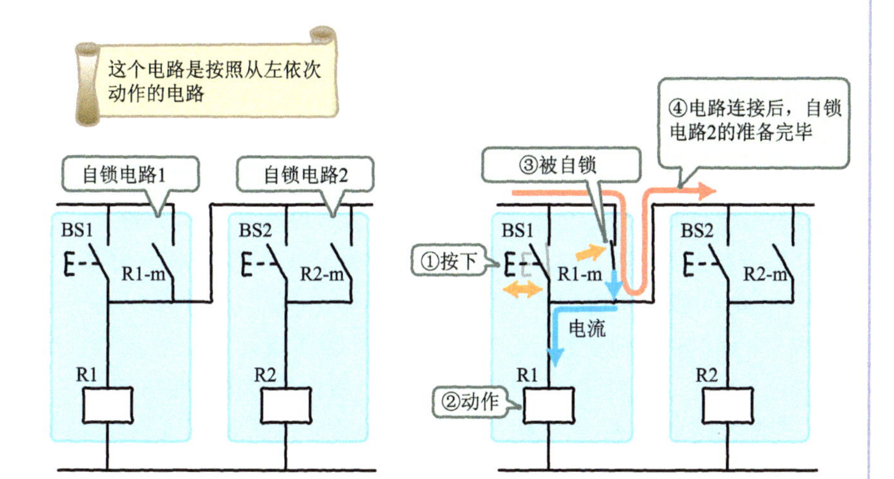

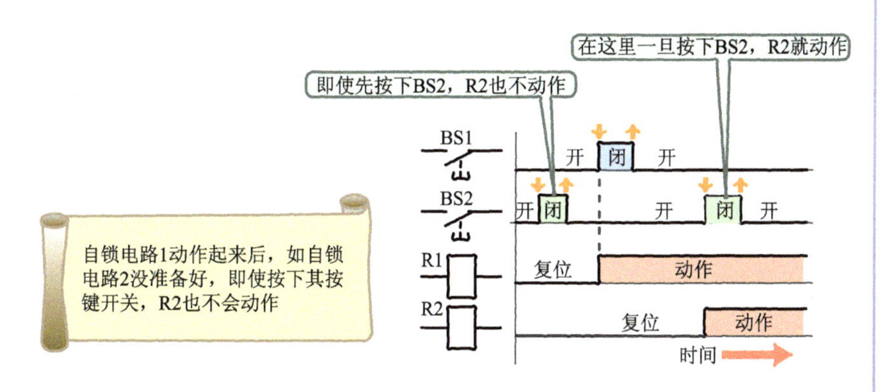

039 计时器电路是时间等待装置

图1(a)表示了使用计时器的电灯的点灯电路。在这个电路中，一旦按下按键开关BS，不久电灯(L)就点灯，而一旦隔开按键开关BS，电灯(L)立即就熄灯。一旦按下按键开关BS，计时器(TLR)起动且等待一定时间的经过。而且，一定时间经过后，计时器(TLR)的常开触点(TLR-m)关闭后电灯则点灯。一旦按下按键开关，一经过定时间后触点开始动作，而隔开按钮则马上复位，这样的计时器称为限时动作瞬时复位触点。这个一定时间如图中所记。在图1(a)中记为"t秒"，但实际上会记录"5秒"或"10秒"等具体数值。另外，表示**限时动作瞬时复位触点**的计时器的常开触点(TLR-m)的图表符号如图1(a)所示的降落伞形状。

其次，图1(c)显示的电路与图1(a)构成是相同的，但表示计时器的常开触点(TLR-m)的图表符号却是不同的。在这个电路中，一旦按下按键开关BS，计时器的常开触点(TLR-m)瞬间关闭，电灯(L)则点灯。接着，一旦隔开按键开关BS，经过一定时间后电灯(L)则熄灯。这样，在接通开关的瞬间触点动作，而隔开按键开关BS后经过一定时间而复位的触点称为**瞬时动作限时复位触点**。瞬时动作限时复位触点的计时器则形成如图1(c)所示的逆开伞状。

总之，对于来自按键开关BS的输入，根据设定的时间差，电磁继电器的触点进行动作或复位，应用于操作间歇开关的on・off或切换控制动作的时候。

- 通过计时器可记录具体时间的数值
- 计时器中有限时动作瞬时复位与瞬时动作限时复位的触点

图1 计时器电路的基本动作

a 限时动作瞬时复位计时器的电路

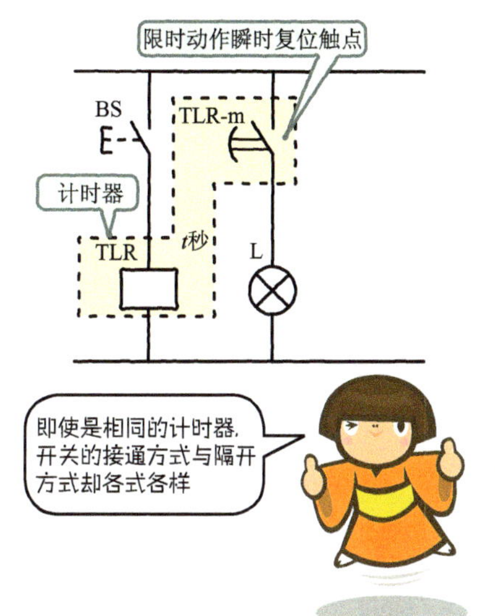

b 限时动作瞬时复位计时器的时序图

按下开关后经过很短时间后计时器开始动作，复位时则是瞬间复位

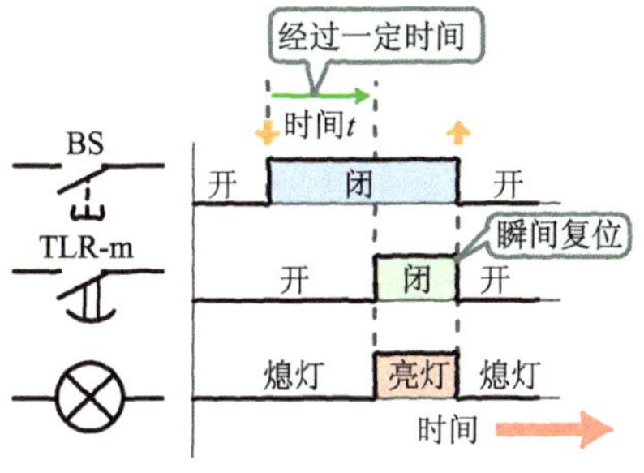

c 瞬时动作限时复位计时器的电路

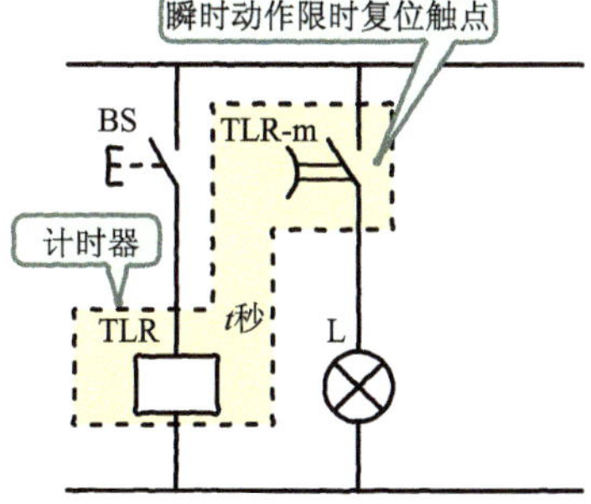

d 瞬时动作限时复位计时器的时序图

按下开关的瞬间开始动作，隔开开关后经过很短时间后复位的计时器

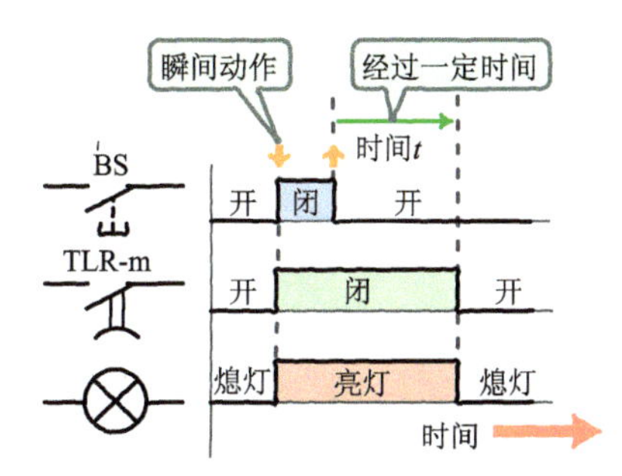

040 使用计时器电路的顺序动作电路也可指定时间

在(038)的顺序控制电路所讲的是，动作电路的顺序已确定，不按照顺序操作则不动作。同时，按照顺序动作的情况，因为没有指定动作的时间间隔，所以从最初的电路开始动作到下一个电路开始动作的时间是10分钟或10小时都可以。

与此相对，如将图1(a)的自锁电路与图1(b)的限时动作瞬时复位触点的计时器电路组合起来，一旦按下按键开关电路依次动作，从而实现了可指定到下一个电路动作为止的时间的电路构成。如图1(c)所示，通过电灯L1与计时器(TLR)共有自锁电路的常开触点R-m2，按键开关BS使图1(b)的限时动作瞬时复位触点动作的操作由电磁继电器R的常开触点R-m2来进行。这样，一旦按下图1(c)的按键开关BS，电磁继电器R进行自锁的同时，电灯L1点灯，且计时器(TLR)起动。而且，一旦经过指定的时间，计时器的限时动作瞬时复位触点(TLR-m)关闭，电灯L2点灯。也就是说，一旦按下按键开关BS，电灯L1最先电灯，在经过指定的时间后，电灯L2点灯。这样，使用计时器电路的顺序控制电路可指定动作的顺序与到下一个动作为止的时间间隔。

图1(c)可进一步改良如图1(d)。图1(d)使常开触点R-m2与常开触点R-m1共有，将电路构成简单化。图1(d)显示的是电灯为2个的情况下，虽然是2个等级的动作顺序，但通过进一步并联连接计时器电路可增加等级数量。

- 自锁电路的触点可共有
- 使用计时器电路可指定动作的顺序与时间间隔

图1 使用计时器电路的顺序动作电路的构成

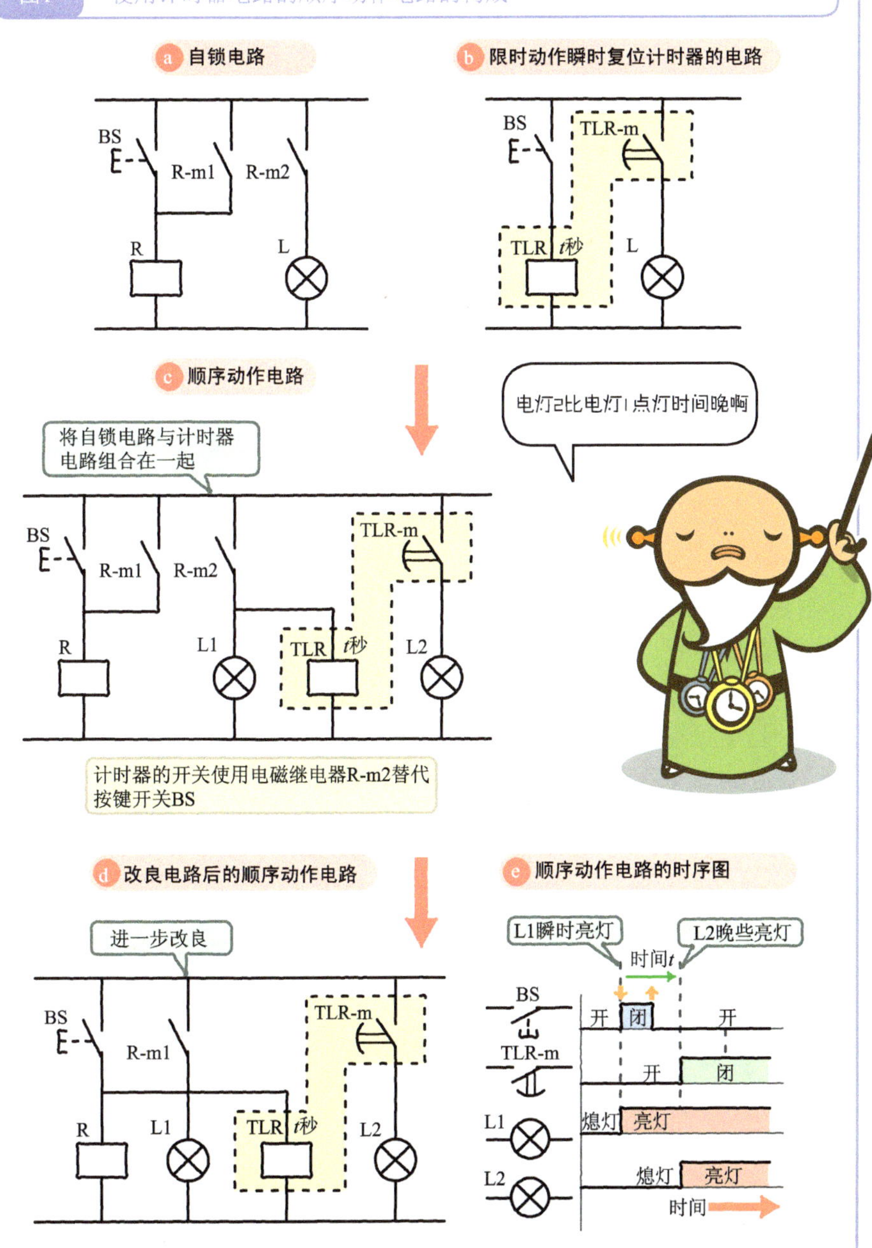

041 计数电路在计算脉冲信号后接通开关

按下或隔开按键开关会产生重复 on 与 off 的信号(脉冲信号)。在可以计算这样的脉冲信号的东西中包括称为**计数电路**(计数器)(021)。

图 1(a)表示了通过按键开关 BS 产生脉冲信号,并用计数器计数的电路。计数器中有**总数计数器**与**预置计数器**,但这里使用预置计数器设定数值。预置计数器在计数值达到设定的数值就会使输出继电器动作。

图 1(a)显示的是利用预置计数器的常开触点(a 触点)来点灯电灯(L)的电路。图 1(b)是表示了预置计数器动作状况的时序图。虽有输出继电器不被保持的计数器,但在这里它表示的是输出继电器(计数器的触点)的动作被保持着的状况。

图 1(c)显示的是在控制电路中对动作进行计数。控制电路中构成了使用计时器的重复电路。这个电路的重复次数达到设定值后可使电灯(L)点灯。重复电路的动作通过计时器 1(TLR1)的动作,一旦经过设定时间,限时触点(TLR1)则动作起来,之后电磁继电器(R)动作,触点(R-m,R-6)动作后计时器"TLR1"被重置。这时,同时计时器 2(TLR2)也动作,一旦经过指定时间,限时触点 TLR2 动作且电磁继电器(R)恢复,因此,恢复到最初的状态后计时器 1(TLR1)开始动作。这样,通过计时器 1(TLR1)与计时器 2(TLR2),将在指定的时间周期内进行重复(重复电路)的计时器 1 触点(TLR1)连接到计数器(CNT)的输入上,则一旦计数到指定的次数就可使电灯(L)点灯。

- 计数器中有总数计数器与预置计数器
- 重复控制由2个计时器构成

图1 计数电路的构成与动作

ⓐ 使用计数电路的电灯的点灯次数

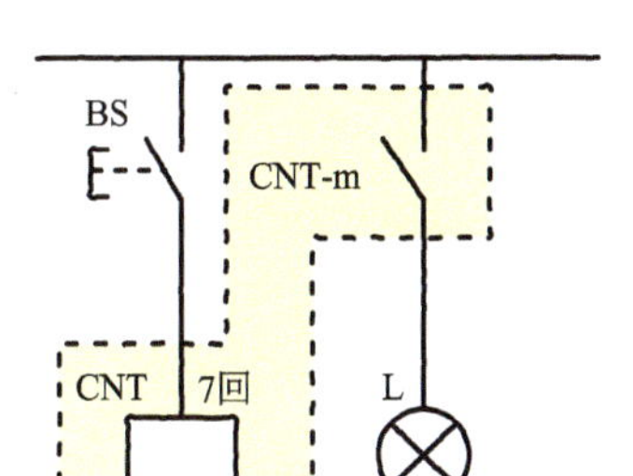

ⓑ 使用计数电路的电路的时序图

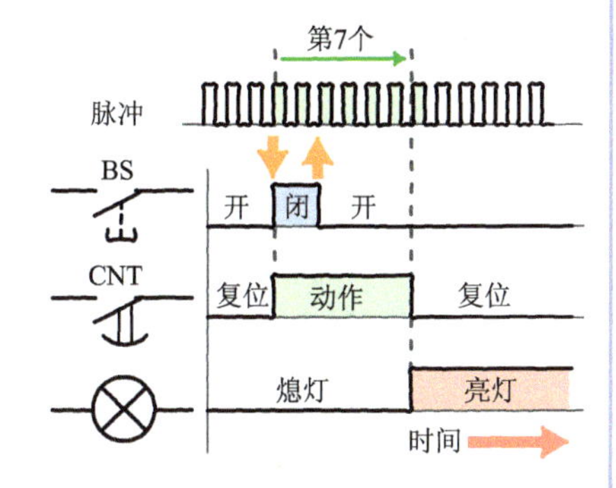

计算脉冲信号（on与off的信号）后达到设定值后就动作

通过2个计时器可形成重复动作的电路

ⓒ 计算重复次数

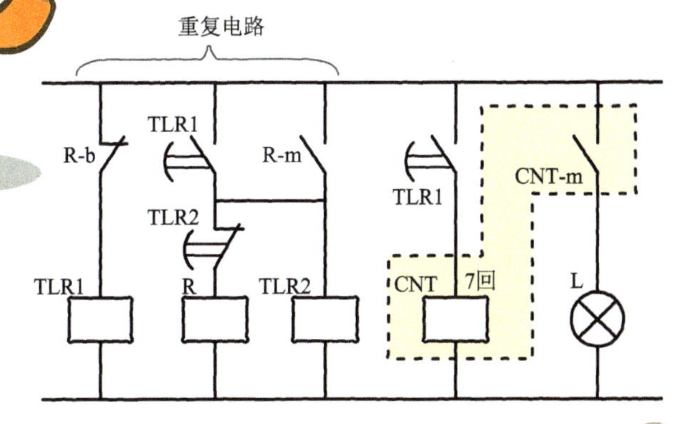

在重复电路中，因计时器1（TLR1）与计时器2（TLR2）交替动作，利用计时器1的触点（TLR1）作为计数器（CNT）的计数用开关，可计数重复的次数

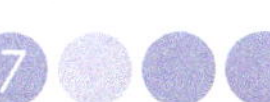

COLUMN

信号机被 LED 所替代

发光二极管(LED:Light Emission Diode)是在我们生活中随处可见的显示器(参照第 2 章)。LED 最近开始应用于信号机。LED 能够广泛应用的理由在于其特征为❶电力消耗小❷寿命长。但是 20 世纪 60 年代初期,从 LED 被开发至今已经过了半个世纪,但信号机从白炽灯转换到 LED 却是最近的事情。其理由在于,LED 是在狭小范围的波长产生光,所以红色较早被开发出来,但发蓝色或绿色光的 LED 并不存在。光的 3 个原色的 RGB(红、绿、蓝)全部开发出来且达到实际应用的阶段是进入到 2000 年后的事情。最初受到注目的大型显示装置的利用也迅速地发展起来。而且现在信号机的 LED 化急速发展。我想有很多人应该注意到这一点,更换为 LED 的信号机的电灯铺满了如葵花子般的 LED。

左边的照片是使用白炽灯的信号机,右边是使用 LED 的信号机。

使用白炽灯的信号机

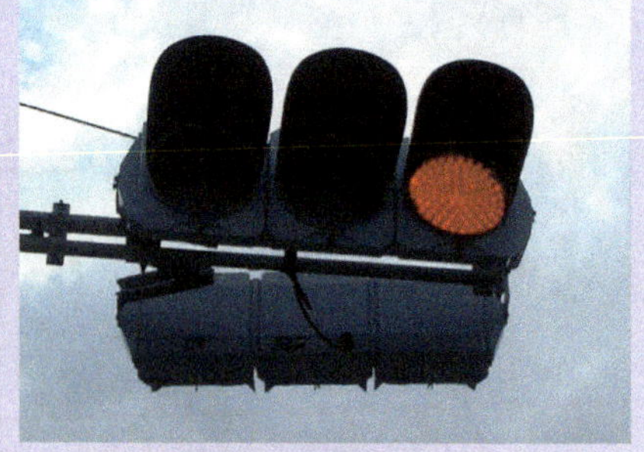

使用 LED 的信号机

基于电磁继电器的顺序控制的实际情况

在本章中，通过具体举例来说明顺序控制的动作。特别是针对常见的基于继电器顺序的三相感应电动机的起动控制或直流电动机的起动控制。

042 大型直流电动机通过抑制电流起动

大型直流电动机因为有起动时可以强力旋转的优点，可用于电车等移动车辆的动力。但是，如起动时有大电流流动，构成电动机的线圈或电刷有损坏的危险。因此，一边控制起动时的电流，一边有必要缓慢地提高旋转速度。

图 1(a)显示了直流电动机的**起动特性**（起动时的旋转数量与电流的变化）。在直流电动机中，电流（**励磁电流**）流动在形成旋转的线圈（**电枢线圈**）与电磁石的线圈（**励磁线圈**）里。起动时，因为电枢线圈不会产生逆电动势，因此会有较大的**额定负载电流**流动。但是，时间经过后一旦电动机的旋转数量增加，电流则会减少并回落在一定数值。为了抑制这种起动时的大电流而起动，如图 1(b)的❶所示，将电阻（**起动电阻**）串接到旋转的电枢线圈上，并降低施加于线圈的电压后使其旋转。接着，旋转数量有一定程度增加，在起动电流变小的时候，如❷关闭开关 SW1 后断开起动电阻。

同时，如形成电磁石的励磁线圈的电流大，因为可慢慢地使其旋转，因此最初利用开关 SW2 先断开励磁阻抗。接着，在起动电流变小的时候，打开开关 SW2，通过励磁阻抗使电流流动。开关切换如图表所示。这样控制起动时的电流使电动机旋转起来，在经过一定时间后进行开关的切换。这样开关的切换或时间设定通过**继电器顺序控制**可能实现。在(043)我们会对基于开关切换的直流电动机的起动顺序进行说明。

- 大型直流电动机是将起动电阻串接入电枢线圈后起动

图1 大型直流电动机的起动顺序

a 起动时的电流与旋转数量

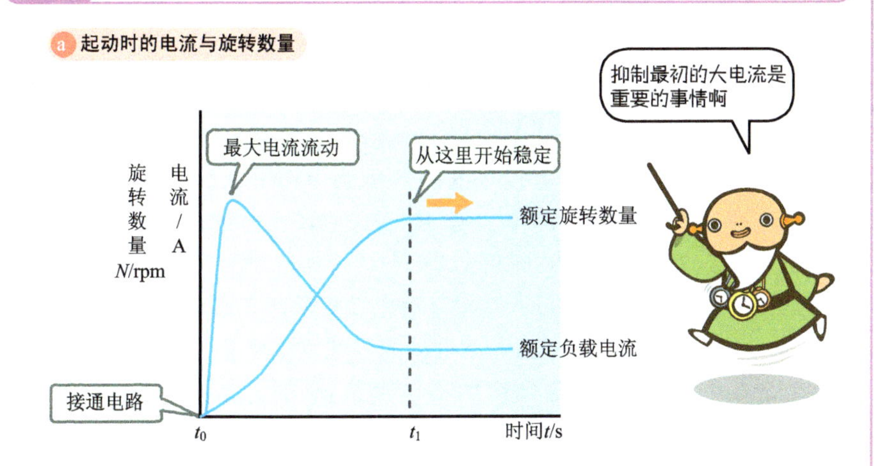

b 基于开关切换的大型直流电动机的起动

从起动到运转的开关操作

开关	SW1	SW2
操作	OFF→ON	ON→OFF

① 起动时的开关状态

起动电阻大则旋转速度慢

励磁电流大则电动机的旋转速度慢

② 运转时的开关状态

运转时直接施加电压在电动机上且通过励磁电阻来调整速度

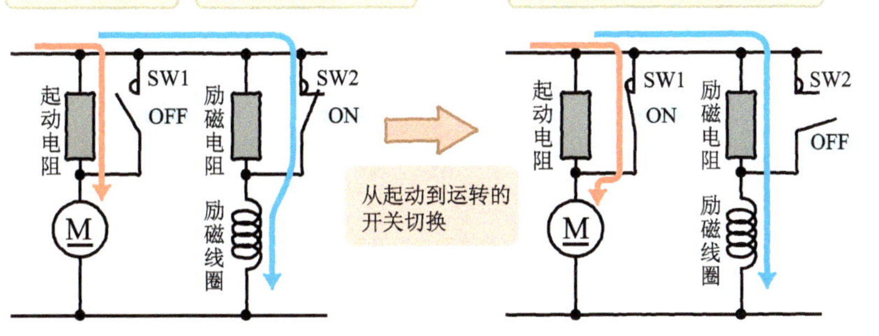

名词解释

电枢线圈 → 卷在电动机的旋转部分的线圈

励磁线圈 → 直流电动机内部用于形成电磁石的线圈

043 大型直流电动机使用起动电阻来起动

(042)说明的大型直流电动机的起动其开关切换需要一定的时间。如图1(a)所示，大型直流电动机的驱动电路使用电磁接触器R2的a触点R2与电磁接触器R3的b触点R3来替换(042)的开关SW1、SW2。再加上，为了在经过一定时间后起动，在图1(b)的顺序控制电路中使用限时动作的计时器触点(TLR)，将直流电动机的起动自动化。

图1(b)显示了大型直流电动机的用于起动的继电器顺序控制电路。首先，❶按下开关BS1，电磁接触器被自锁，❷通过触点R1-m2计时器(TLR)开始动作。一旦计时器经过设定的60s，❸限时动作的计时器触电(TLR)关闭，电磁接触器R2的自锁电路动作起来。于是，❹电磁接触器R2的触点R2关闭，起动电阻被断开，则供给电压直接施加到了电动机上。同时，❺电磁接触器R2的辅助触点R2-b、R2-m1、R2-m2则动作起来。触点R2-m2一旦动作就关闭，所以电磁接触器R3动作且触点R3打开，励磁线圈内的电流通过励磁电阻流动起来。而且，辅助触点R2-b一旦动作就打开，所以计时器(TLR)则复位。

至此起动完成，电磁继电器R2因被自锁，所以起动后的状态保持且继续运转。一旦按下停止按键开关BS0则顺序控制电路整体复位并返回到初期状态。这时，因为电磁接触器的触点R1打开，电动机停止运转。

• 电磁接触器拥有复数的辅助触点（a触点、b触点）

图1 大型直流电动机的起动控制

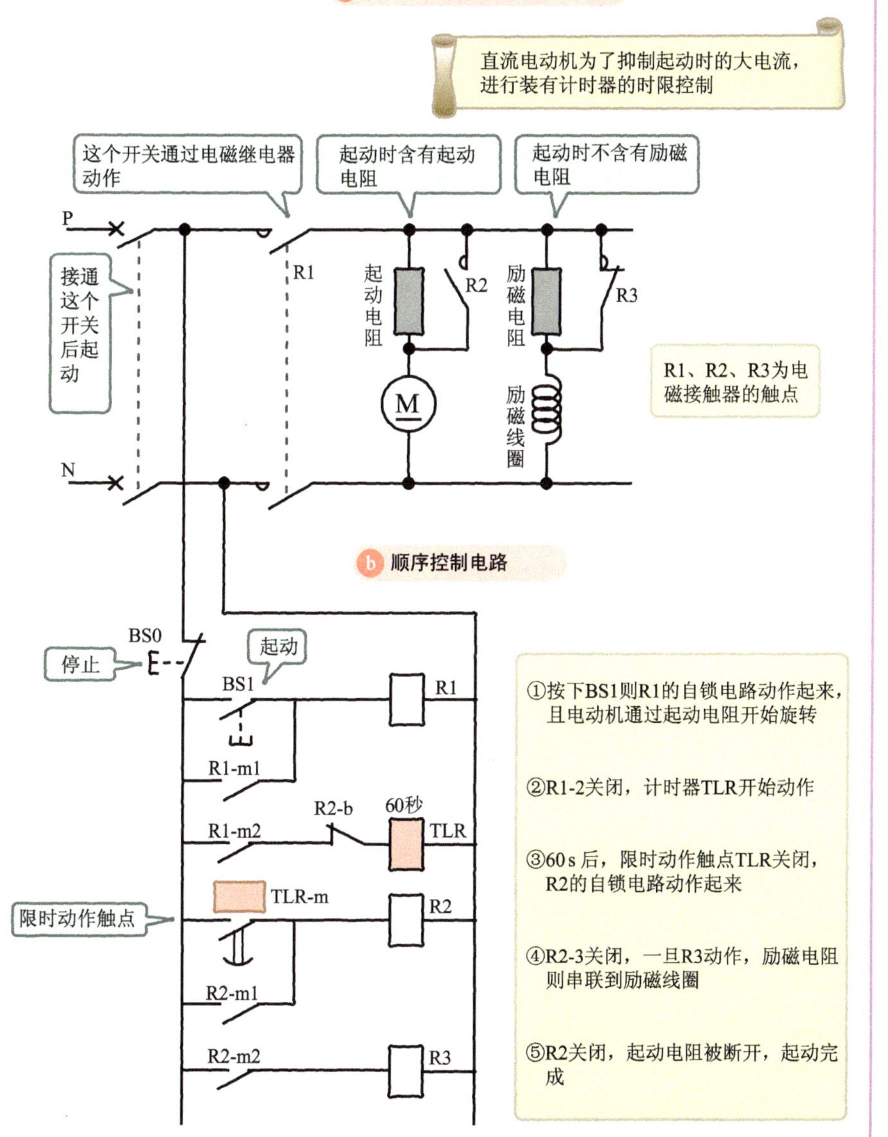

044 三相感应电动机的运转控制使用自锁电路

没有电刷或整流子的三相感应电动机的旋转部分被制造得很顽强，可忍受严酷的使用状况。输出容量为1kW程度的电动机，有直接手动接通开关的情况。在这里，针对在三相感应电动机的运转控制中使用电磁开闭器与自锁电路的继电器顺序控制进行说明。

在图1(a)中，将**配电断路闸**(MCCB)作为电源开关使用，在三相感应电动机的控制中使用了**电磁接触器**(MC)与**热动过电流继电器**(THR)组合而成的电磁开闭器。同时，使用起动用的按键开关BS1与停止用的按键开关BS2构成自锁电路。

图1(b)显示了顺序控制电路。按下起动用的按键开关BS1，则构成电磁接触器(MC)的自锁电路。一旦电磁接触器(MC)被自锁，触点(MC)动作起来且三相感应电动机起动。而且，这种运转状态在电磁接触器(MC)自锁的期间仍继续。

在指示灯的电路中，有表示运转中的红灯(RL)与表示停止中的绿灯(GL)，通过电磁接触器的触点MC-a2、MC-b1而动作。a触点的辅助触点MC-a2用于红灯(RL)的控制，b触点的辅助触点MC-b1用于绿灯的控制，在运转中因为辅助触点MC-a2(a触点)关闭，所以红灯(RL)点灯，而在停止中因为辅助触点MC-b1(b触点)关闭，绿灯(GL)则点灯。

同时，热动过电流继电器(THR)的触点THR串联连接在顺序控制电路的电源一侧。因此，触点THR反应于过负载时等的大电流而打开，三相感应电动机停止运转。

• 三相感应电动机对于过负载的保护对策通过热动过电流继电器处理

图1 三相感应电动机的控制

a 三相感应电动机的驱动电路

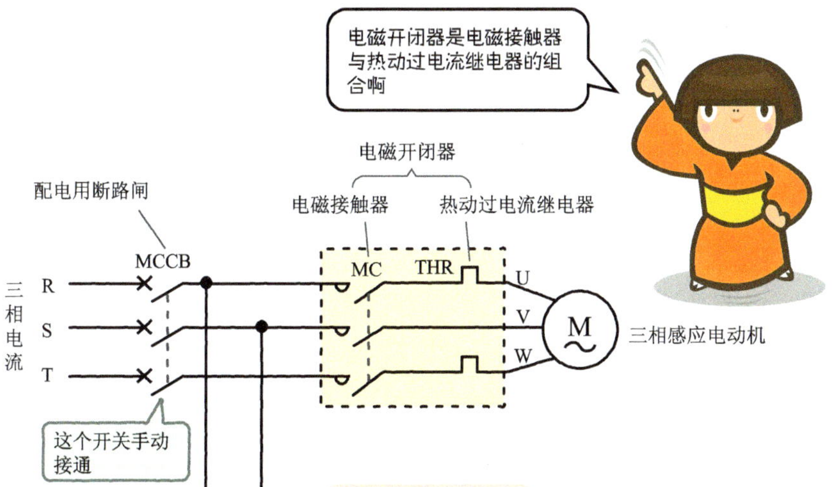

b 顺序控制电路

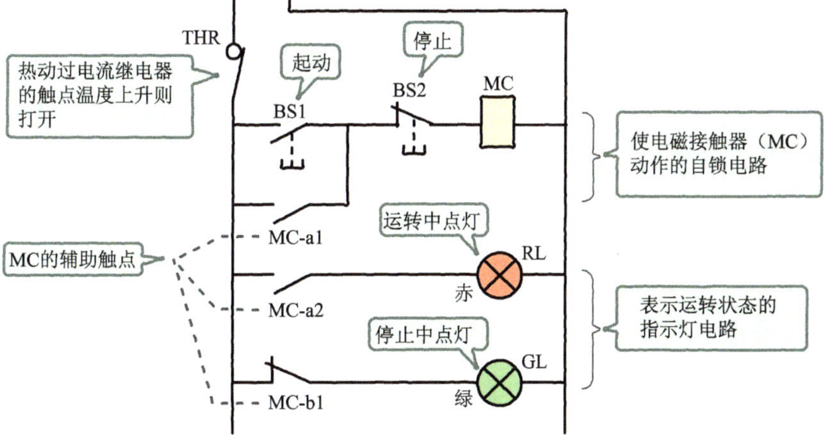

045 三相感应电动机的正逆转控制需要互锁

三相感应电动机作为电梯、自动扶梯或抽水管的动力源而使用。而且，它用于剧场布幕的上下操纵等各种各样的场所，其运转也并不只是单方向的旋转控制。在这里，对三相感应电动机正逆转中的继电器顺序控制进行说明。

三相电源按照 R 相位、S 相位、T 相位的顺序，电压波发生变化，三相感应电动机根据这个波的变化方向旋转。如将这个电压波的变化按照 T 相位、S 相位、R 相位的顺序施加到三相感应电动机上，旋转方向则相反。也就是说，通过调换 R 相位与 T 相位的配线可进行正转以及逆转控制。

在图 1(a)中，在三相感应电动机的正逆转驱动电路中，使用正转用的电磁接触器 MC1 与逆转用的电磁接触器 MC2，且切换 R 相与 T 相的配线来驱动三相感应电动机。

图 1(b)是用于切换正转用的电磁接触器 MC1 与逆转用的电磁接触器 MC2 的顺序控制电路。基于正转用的电磁接触器 MC1 的自锁电路与基于逆转用的电磁接触器 MC2 的自锁电路互相形成互锁。也就是说，将正转用的电磁接触器 MC1 以及逆转用的电磁接触器 MC2 的各自的辅助触点 MC1-b、MC2-b 互相插入对方的自锁电路，其中一方动作时另一方则无法动作。如双方的电磁接触器同时动作，因为 R 相位与 T 相位会短路，所以在切换这样的配线的情况时，从安全方面考虑则使用互锁电路。另外，因为停止用的按键开关 BS0 串联插入在电源里，所以它使双方的自锁电路复位并停止三相感应电动机的旋转。

• 三相感应电动机的旋转方向通过切换电源电压的相位顺序来运行

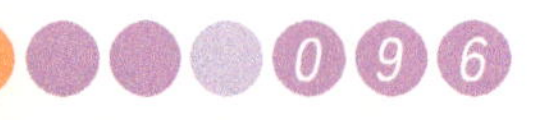

图1 三相感应电动机的正逆转控制

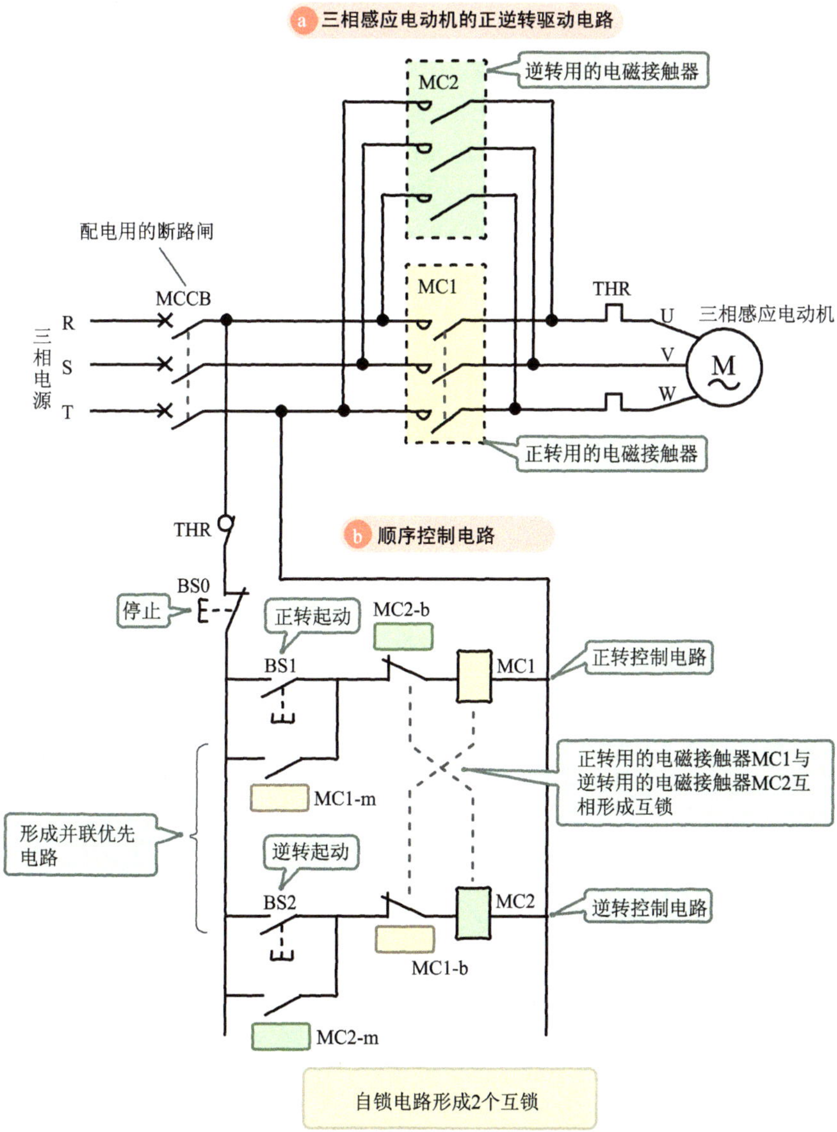

046 传送带的终端控制通过限位开关进行

在需要控制传送带的往返运动或电子屏的上下操纵的终端的机械中使用**限位开关**。在这里，接着(045)，以依靠三相感应电动机的正逆转的传送带的左右往返运动为事例，对终端控制进行说明。

如图1(a)所示，我们要思考的终端控制构造为，在传送带的终端安装金属零件(**开关制动**)，可以开闭左右设置的限位开关。三相感应电动机如正转，传送带向右移动，限位开关(LS1)在终端则关闭。而且，三相感应电动机如逆转，传送带向左移动，限位开关(LS2)在终端关闭。

因此，以2个自锁电路通过三相感应电动机的正逆转控制形成互锁关系的顺序图(045)为基础，在这个电路加入限位开关，改良成可进行终端控制的顺序图，则如图1(b)所示。在顺序电路中，在2个自锁电路串联插入限位开关，因为重置成为优先，所以限位开关的常闭触点(b触点)一打开，三相感应电动机则停止。

例如，在三相感应电动机正转且传送带在向右移动中，限位开关(LS1)的常闭触点(b触点)一打开，正转用的自锁电路被重置，三相感应电动机则停止。在这种状态下，即使按下正转用的按键开关BS1，因为重置电路在打开着，所以三相感应电动机不起动。这时如按下逆转用的按键开关BS2，三相感应电动机则逆向旋转且传送带向左移动，限位开关(LS1)的常闭触点(b触点)则关闭。

- 控制终端停止中使用重置优先的自锁电路

图1 电动机的正逆转控制与自动停止

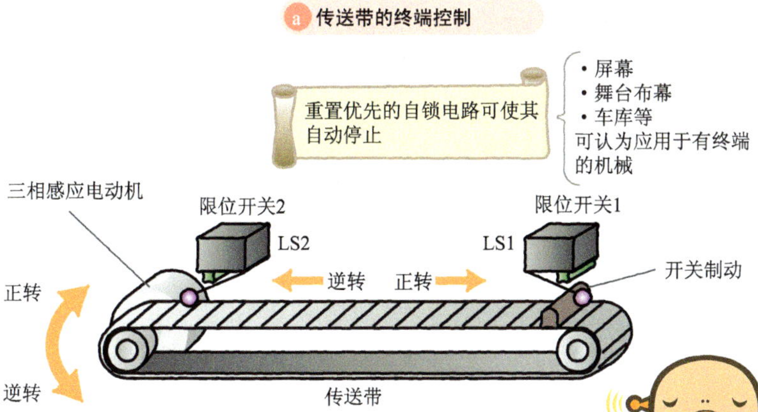

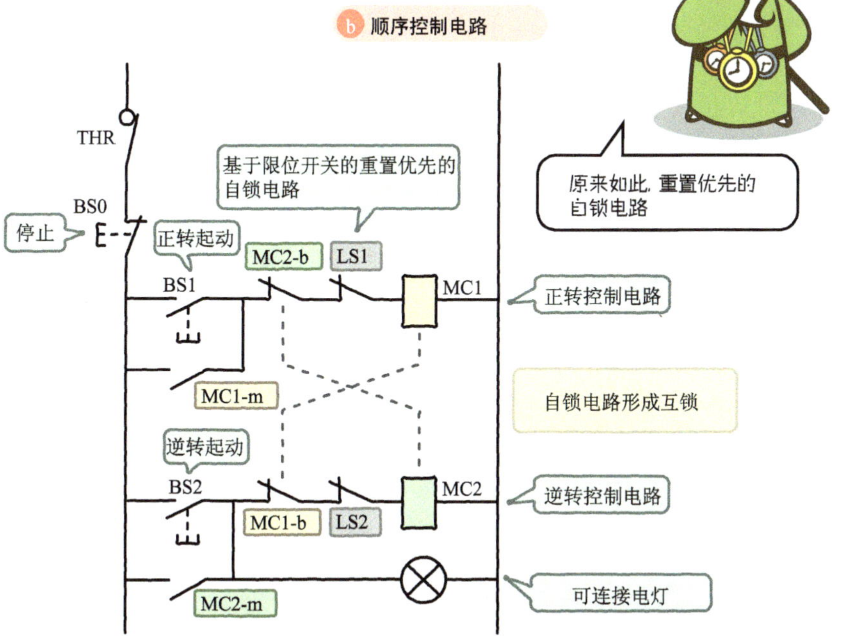

a 传送带的终端控制

b 顺序控制电路

名词解释

开关制动 → 用于开闭限位开关的金属零件

047 Y连接适合三相感应电动机的起动

如施加电压在三相感应电动机，电动机因起动时的旋转力（起动转矩）开始旋转，一旦旋转速度加快，就可接近由电源频率决定的称为**同步速度**的旋转速度。这时，电流在起动时最大，随着旋转速度的加快而减少，在将近到达同步速度时，电流几乎不会流动了。在带有电刷或整流子的如直流电动机的电动机中，起动时的大电流会牵涉到电动机主机的故障原因，但三相感应电动机的情况则影响较小。但是，如果是大型的三相感应电动机，对线圈等的不良影响则变大。同时，因为电源的负担也瞬间变大，因此同样需要抑制起动时的大电流来使其旋转。

图 1(a)显示的是将三相感应电动机的线圈形成Y连接，通过配电用的断路闸(MCCB)可连接到三相电源的情况。同时，图 1(b)显示了电源电压与线圈的连接关系。这样，如将线圈形成Y连接，三相电源的线间电压（例如 R 相位与 S 相位之间的电压）不直接施加在线圈上，施加在线圈的电压则为约 0.6 倍程度（相电压）。因此，起动时的旋转力虽然小，电流也成比例关系地变小。

图 1(c)显示的是将三相感应电动机的线圈形成△连接，通过配电用的断路闸(MCCB)可连接到三相电源的情况。同时，(d)显示了电源电压与线圈的连接关系。这样，如将线圈形成△连接，三相电源的线间电压（例如 R 相位与 S 相位之间的电压）直接施加在线圈上，起动时的旋转动力变大，但电流也变大，可以想到对线圈或电源会有不良影响。因此，起动大型的三相感应电动机时要避免△连接的起动。

- 三相感应电动机进行使用了计时器的Y-△起动

图1 三相感应电动机的丫连接与△连接

a 三相感应电动机的丫连接运转

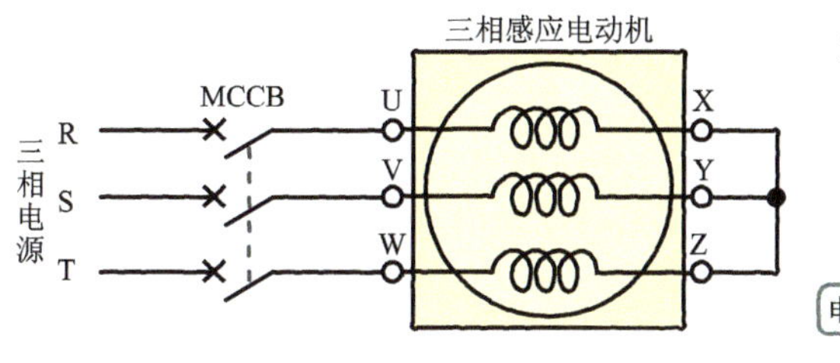

丫连接运转因为施加到线圈的电压比电源电压小，所以旋转动力也变小。但起动时的电流变小

b 线圈的丫连接

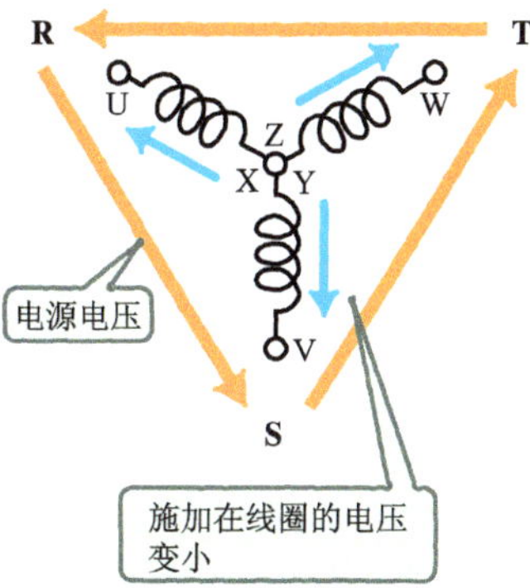

c 三相感应电动机的△连接运转

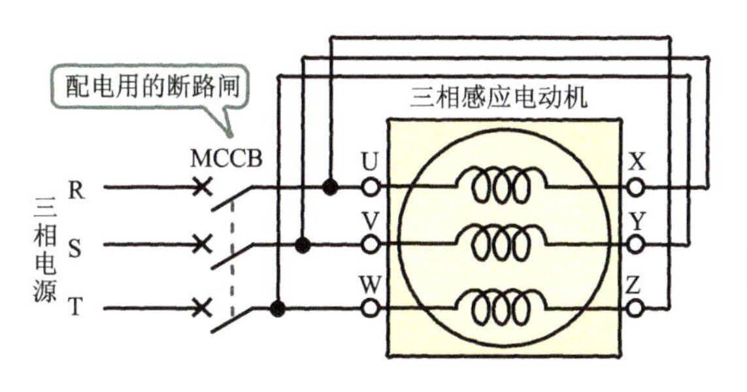

△连接运转，因为加在线圈的电压与电源电压大小相等，所以旋转动力变大。但是起动时的电流也变大

d 线圈的△连接

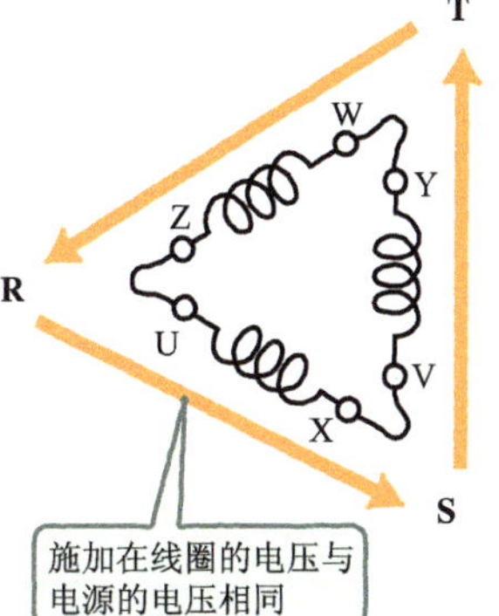

名词解释

线间电压 → 三相电源的各线之间的电压（一般屋内为200V）

相电压 → 线圈边缘出现的电压，根据连接不同其数值变化

048 三相感应电动机通过Y连接起动而通过△连接运转

三相感应电动机如果说大型的，施加电压时的大电流会给以电动机或电源装置很大的损坏(047)。因此三相感应电动机有必要降低起动时的电压后才起动。降低起动时的电压并施加到三相感应电动机上的方法有(047)说明过的Y连接的方法与利用使用了变压器等的**起动补偿器**的方法。在这里，我们对通过Y连接起动而通过△连接运转的方法进行说明。

图1(a)表示的是在三相感应电动机的起动控制电路中使用3个电磁接触器。也就是说，它是由用于将电动机的线圈连接形成Y连接的电磁接触器MC Y与用于将线圈连接形成△连接的MC△，以及用于加压给电动机的电磁继电器MC一起构成的。

图1(b)是用于起动三相感应电动机的顺序控制电路。在上述的三相感应电动机的起动电路中，因可切换2个电磁接触器MC Y、MC△而形成了互锁电路。也就是说，电磁接触器MC Y的辅助触点MC Y-b与电磁接触器MC△的辅助触点MC△-b互相是互锁的关系，所以在Y连接与△连接的切换时不会短路。

按下起动用的按键开关BS1，电磁接触器MC与计时器(TLR)动作起来，电磁接触器MC成为自锁电路，因电磁接触器MC Y也动作，因此通过Y连接而起动。一旦计时器(TLR)达到设定值，b触点TLR-b与a触点TLR-m同时切换，电磁接触器MC Y复位，而电磁接触器MC△动作起来。这时，电磁接触器MC△成为自锁电路，△连接的运转则继续。

- 三相感应电动机进行使用了计时器的Y-△起动

图1 三相感应电动机的Y-△起动控制

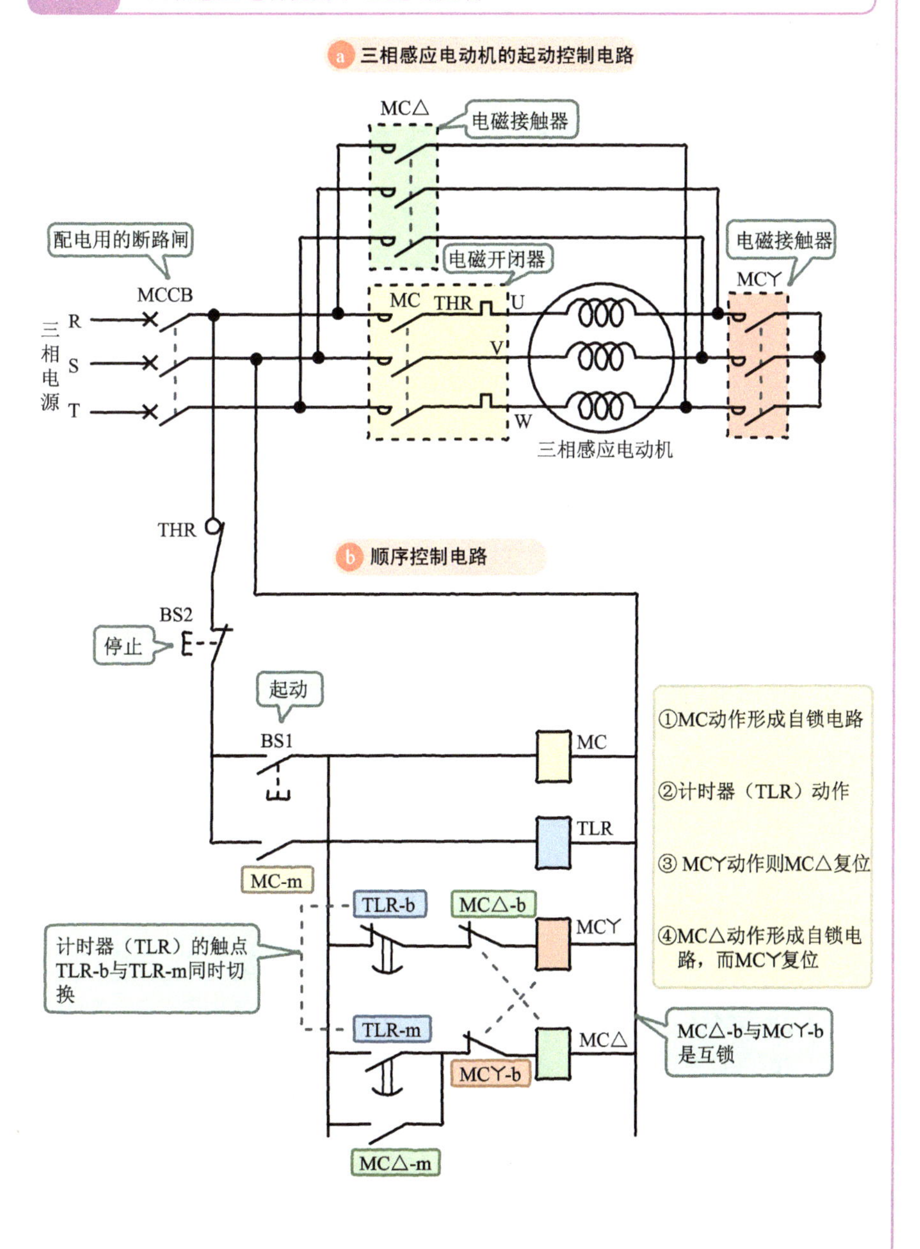

COLUMN

电源接合器或充电器变小

在这10年间，电源接合器或充电器转瞬间变小了。可以说在手提电话或笔记本电脑中其大小变化最大。

在电源接合器或充电器里，有将送到家庭的交流电压转换成直流电压的部分，以前是使用变压器(trans-变压器)将交流电压降低到需要的电压后，用二极管进行整流后转换成直流电压。但最近则是将输送来的电压原样用二极管进行整流，使用基于半导体的DC-DC换流器(从直流切换到电压不同的直流)降低到需要的电压。这样，通过半导体可全部完成，这实现了小型轻量化。充电器在整流后，充电的控制则成为必要，但这也可通过小型的充电器控制IC进行，所以它几乎不占空间。

第5章 基于半导体的顺序控制的基本电路

电磁继电器带有机械性的触点，但如使用半导体就可形成不带有触点的无触点继电器。在这里，从无触点继电器开始，对顺序控制中利用的逻辑电路或使用半导体的逻辑电路的集成化进行思考，且对使用了集成电路（IC）的逻辑电路进行说明。

049 晶体管有放大作用与开关的功能

电气材料中有如金或银、铜或铝等容易通电的**导体**与塑料或纸、玻璃或油等不易通电的**绝缘体**。使用铜或铝的电线因电气电阻小，所以用于输送电气能量。同时，如在电极之间插入绝缘体可形成电容器。另外，像镍铬耐热合金线（镍与铬的合金）的金属因带有电阻，在电气电路中作为发热元件来使用。但二极管或晶体管代表的电气元件不像导体或绝缘体、也不像镍铬耐热合金线带固定的电阻值，根据电压或电流、温度或光线、还有磁场等的不同其电阻发生变化的材料，将其称为**半导体**。

图 1(a)显示了在二极管施加电压时的电流量(**电压-电流特性**)。电流容易流动的方向称为**顺向**，相反，如施加电压则电流几乎不流动的方向称为**逆向**。这样，二极管中有电流流动的方向，如利用这个性质，就会如图 1(b)可构成从交流电形成直流电的称为**整流电路**的电路。同时，发光二极管(LED)等也是二极管，其电源流动方向是顺向。

图 2(a)显示了晶体管的电压与电源的特性。晶体管被称为 npn 型，所以它是通过流动在基极(B)的电流可调整从集电极(C)到发射极(E)流动的电流的半导体。如流动在基极(B)的电流增多，则流动在集电极(C)的电流也增多，在称为**能动领域**的范围内，可应用于通过微小电流可控制大电流的**放大电路**中。同时，在所谓的**饱和领域**与**断路领域**内它可作为开关来使用。在顺序控制中，它同电磁继电器一样作为开关利用。

- 半导体是根据电压或电流、温度或光线、磁场的不同而电阻值发生变化的元件

图1 二极管的功能

a 二极管的电压-电流特性

A(正极)
V
K(负极)
电流 I
电流在顺向上容易流动
顺向
逆向
电压 V

b 整流电路

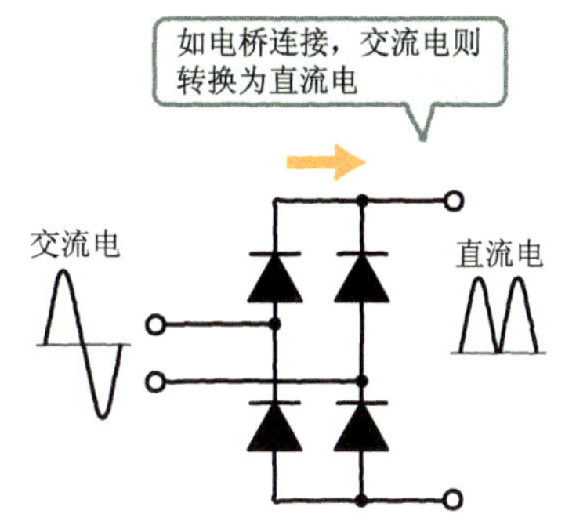

图2 晶体管的功能

a 晶体管的电压-电流特性

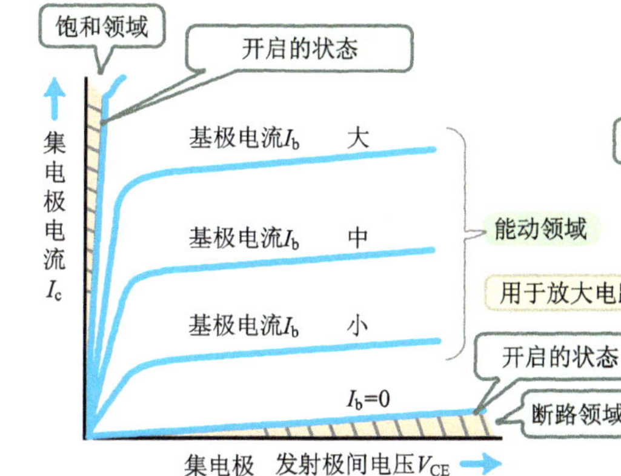

b npn晶体管

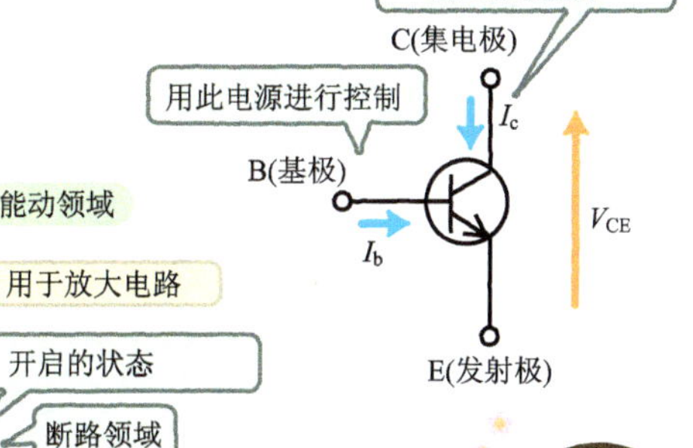

晶体管有放大作用与开关的功能啊

名词解释

正极 → 阳极（正极一侧）
负极 → 阴极（负极一侧）

050 使用二极管可形成逻辑电路(AND与OR)

利用二极管或晶体管的**整流作用**或**开关作用**,在控制电路中可使之进行逻辑性的动作。这样进行逻辑性的动作的半导体称为**半导体逻辑元件**。半导体逻辑元件因为没有如电磁继电器那样的触点,所以也称为**无触点继电器**。

图1(a)显示了使用了二极管的 **AND 电路**。这个电路使用切换用的按键开关 BS1、BS2,可将二极管连接在正极一侧(P)或者负极一侧(N)。最初,按键开关 BS1、BS2 都被连接在负极一侧(N),输出 X 则通过二极管连接在负极一侧(N),所以不会产生电压。即使按下任何一个的按键开关,因为另一个连接在负极一侧(N),所以输出 X 不会产生电压。如两个开关都被按下,输出 X 则通过电阻(R)同正极一侧(P)连接,在无负载的状态下,输出 X 会产生电源电压。如负载连接在输出 X 的情况时,因为电源电压被分割后施加于与电阻(R)连接的负载内,所以输出 X 会产生比电源电压稍微低的电压。

图2(a)显示了使用了二极管的 **OR 电路**。与图1(a)显示的 AND 电路相比,二极管是逆向连接的。这样的配线,如按下任何一个按键开关,通过二极管的顺向输出 X 与正极一侧(P)连接,输出直接产生电源电压。这时,通过其他的二极管输出 X 也连接在负极一侧(N),但二极管因为是逆向连接的,所以输出 X 不会产生电源电压。而且,真值表或时序图与使用了电磁继电器的逻辑电路完全相同。

要点 CHECK!

- 如使用2个二极管,可构成AND电路与OR电路,也可形成无触点继电器

图1 使用了晶体管的AND电路的构造

ⓐ 使用了二极管的AND电路

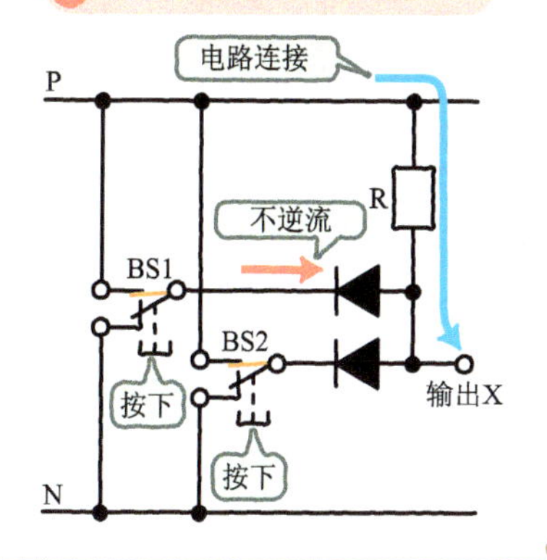

BS1以及BS2一起连接在正极一侧(P)时，输出会产生正极一侧的电压

ⓑ AND电路的时序图

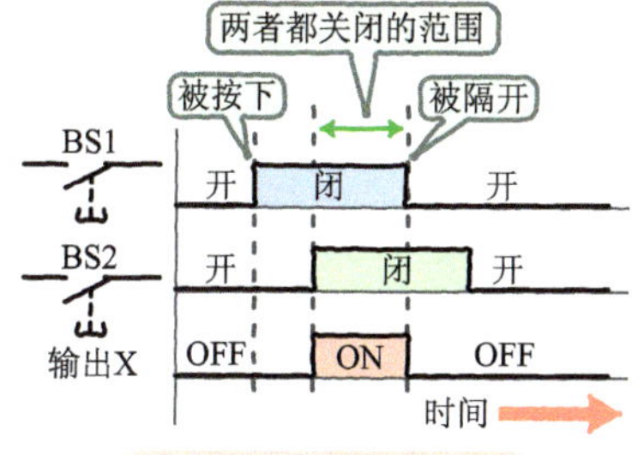

ⓒ AND电路的真值表

输入		输出
BS1	BS2	X
0	0	0
1	0	0
0	1	0
1	1	1

图2 使用了二极管的OR电路的构造

ⓐ 使用了二极管的OR电路

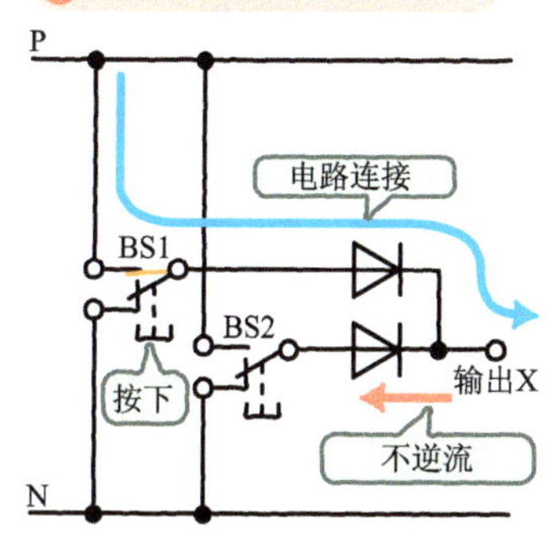

BS1或者BS2的任何一个连接在正极一侧（P）时，输出会产生正极一侧的电压

ⓑ OR电路的时序图

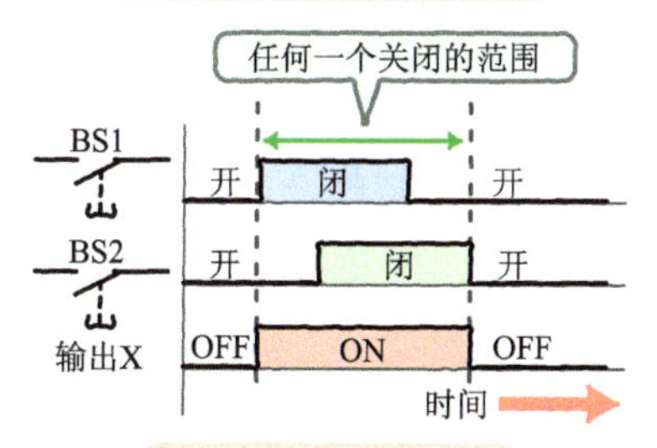

ⓒ OR电路的真值表

输入		输出
BS1	BS2	X
0	0	0
1	0	1
0	1	1
1	1	1

051 使用晶体管可形成 NAND 或 NOR 电路

在(050)中，使用2个二极管，通过半导体可构成 AND 或 OR 电路。同时，AND 的否定为 **NAND 电路**，OR 电路的否定为 **NOR 电路**，这些通过电磁继电器的电路得到了确认。

如图 1(a)所示，半导体构成的 NAND 电路通过将二极管构成的 AND 电路的输出(AND 输出)施加在晶体管(TR)的基极上得以实现。也就是说，AND 输出为“1”的时候，晶体管(TR)的基极中电流流过，晶体管(TR)作为开关为“闭”的状态，输出 X 被连接在负极一侧(N)而成为“0”。而 AND 输出为“0”的时候，相反晶体管(TR)成为“开”的状态，所以输出 X 通过电阻 R3 与电源连接而成为“1”。这样，因为晶体管(TR)进行二极管构成的 AND 电路的否定动作，所以用晶体管与二极管可完成 NAND 电路。

同样，NOR 电路通过将二极管构成的 OR 电路的输出(OR 输出)施加在晶体管(TR)的基极上得以实现。也就是说，OR 输出为“1”的时候，电流通过电阻 R 流入到晶体管(TR)的基极，晶体管(TR)作为开关为“闭”的状态，输出 X 被连接在负极一侧(N)而成为“0”。而 OR 输出为“0”的时候，相反晶体管(TR)成为“开”的状态，所以输出 X 通过电阻 R2 与电源连接而成为“1”。与 NANA 电路同样，因为晶体管(TR)进行二极管构成的 OR 电路的否定动作，所以用晶体管与二极管可完成 NOR 电路。这样，使用半导体构成逻辑电路就实现了小型轻量的逻辑电路。

- 晶体管作为开关进行动作可构成非电路

图1 使用了晶体管的NAND电路的构造

ⓐ 使用了二极管与晶体管的NAND电路

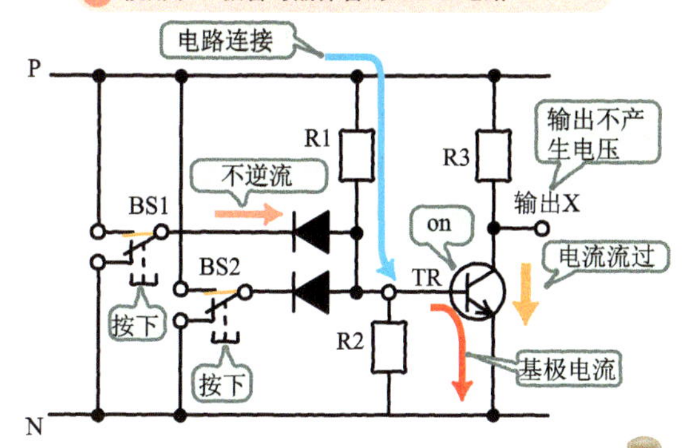

使用了二极管的AND电路的输出因为连接着晶体管，在AND电路的输出为“1”的时候，因晶体管动作，所以NAND电路的输出为“0”

ⓑ NAND电路的真值表

输入		输出
BS1	BS2	R
0	0	1
1	0	1
0	1	1
1	1	0

图2 使用了晶体管的NOR电路的构造

ⓐ 使用了二极管与晶体管的NOR电路

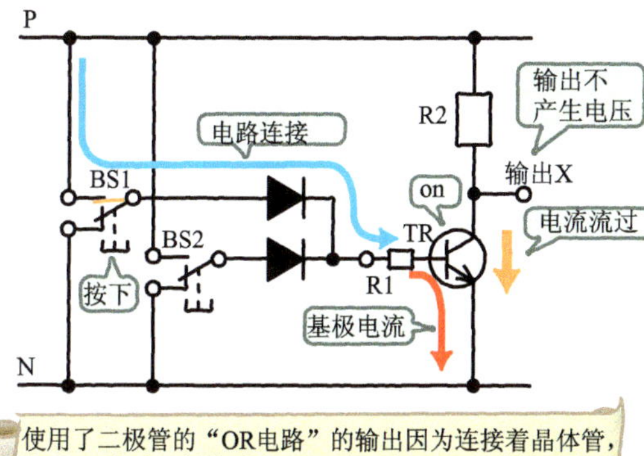

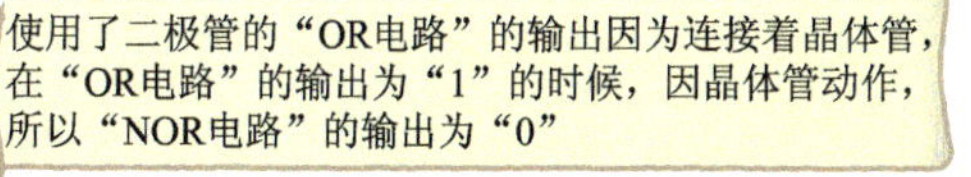
使用了二极管的“OR电路”的输出因为连接着晶体管，在“OR电路”的输出为“1”的时候，因晶体管动作，所以“NOR电路”的输出为“0”

ⓑ NOR电路的真值表

输入		输出
BS1	BS2	R
0	0	1
1	0	0
0	1	0
1	1	0

晶体管起着否定的作用啊

名词解释

基极电流 → 指晶体管的基极（B）与发射极（E）之间流动的电流，晶体管作为开关调整基极电流

052 逻辑电路可由集成电路(IC)构成

我们已经说明过了逻辑电路由二极管或晶体管等的半导体构成的。这样的逻辑电路在 20 世纪 50 年代已被开发作为 **DTL**(Diode-Transistor Logic)使用。(051)中说明的使用二极管或晶体管的电路正是那时的想法。在那之后进入到 20 世纪 60 年代,开发出 **TTL**(Transistor-Transistor Logic)作为由双极晶体管与电阻构成的逻辑电路使用。不过,使用 TTL 的 IC 其电力消耗较大,所以怎么都不适合大规模的集成化(IC 化)。接着,代替 TTL-IC 登场的逻辑电路 IC 是 **CMOS**(Complementtary Metal Oxide Semiconductor:互补型金属氧化膜半导体)-IC。CMOS 电路的电力消耗小,适用于大规模的集成化及小型化,所以被广泛应用。

图 1(b)显示的电路图表符号为输入输出,从它可理解逻辑性的功能。而且,尽管 IC 有着复杂的构造,其功能可由一目了然的图表符号来表现。通常,1 个 IC 芯片中有着复数的逻辑电路且可在电路内独立使用。TTL-IC 设计为用基准电压正极 5V 来驱动,但 CMOS-IC 的基准电压有范围(从正极 3V 到 15V)。

另外,逻辑电路也称为 **Logic 电路**(Logic circuit),AND 电路、OR 电路、NOT 电路等也有称为 AND 门、OR 门、NOT 门。于是,这样的基本的逻辑电路也称为**门电路**(Gate circuit)。

要点 CHECK!

- 逻辑电路从DTL改良到TTL,更进一步发展到CMOS,实行了大规模的集成化(IC化)

图1 逻辑IC的构成

a 使用了二极管或晶体管的NAND电路

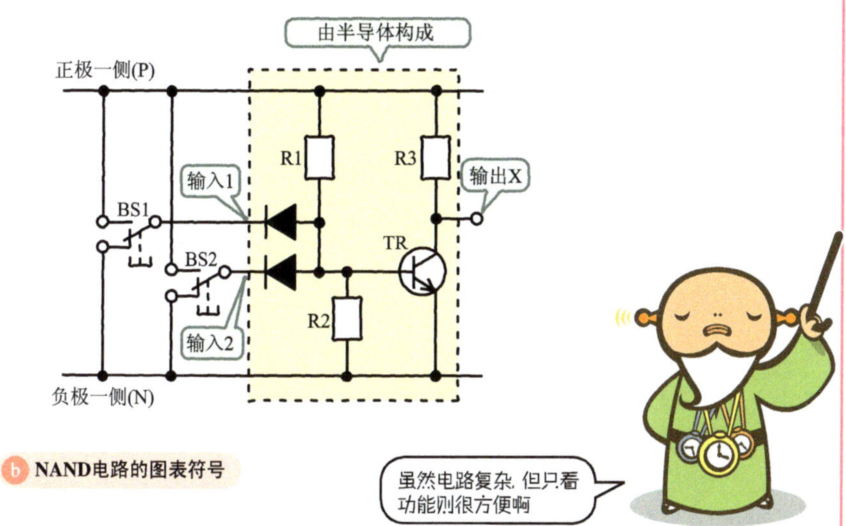

b NAND电路的图表符号

虽然电路复杂，但只看功能则很方便啊

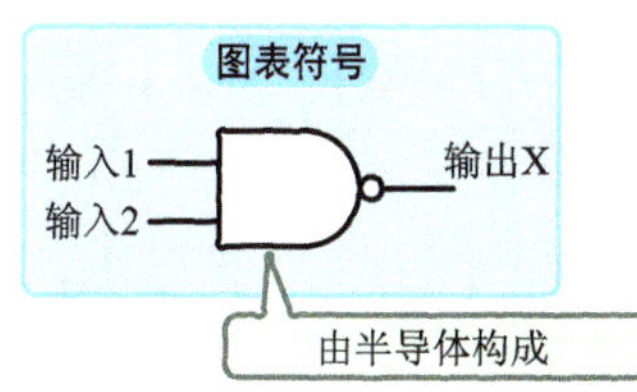

只需要重点观注图表符号的输入和输出部分，这样画是为了方便识别功能

c 逻辑IC的举例

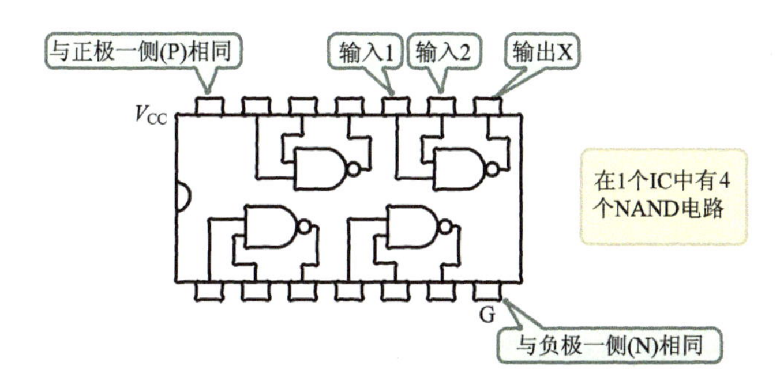

在1个IC中有4个NAND电路

053 组合逻辑电路可形成新的逻辑电路

逻辑电路的图表符号依照 IEC 规格规定在 JIS C 0617 里。同时，JIS 规格之外还有使用的很长时间 ANSI Y32.14 的图表符号。图 1(a)显示了两者的图表符号的对比。

AND 电路有 2 个输入，对于 2 个以上的复数输入则逻辑性成立。也就是说，它是全部输入为“1”时输出成为“1”的逻辑电路。同样 OR 电路对于 2 个以上的复数输入其逻辑性也成立。

逻辑电路也有各自单体使用的情况。为了得到目标输出，可连接复数的逻辑电路后进行组合再连接。例如，图 1(b)所示的逻辑电路的连接就是 NOT 电路插入了 AND 电路其中一侧的输入。这种情况下，输入 A 的否定的输出 A′与输入 B 的逻辑积会出现在输出 X。这样，逻辑电路可自由组合形成新的电路。

图 1(c)是称为 **RS 触发电路**的逻辑电路的连接。这种逻辑电路带有**置位输入 S 与重置输入 R**，而输出为 Q($\overline{Q}$ 为反转输出)。2 个输入(R、S)同为“0”的时候，输出则被自锁，而且维持着那样的状态。同时 2 个输入(R、S)同为“1”的时候，输出则不固定，会出现“0”或“1”的其中一个。置位输入 S 为“1”的时候，输出 Q 则为“1”，重置输入 R 为“1”的时候，输出 Q 则“0”。也就是说，如信息由置位输入 S 来设定，直到重置输入 R 的输入为止，在自锁信息的电路中，信息可作为记忆存储器使用。同时，图表符号是只抽取这个功能来表现的。

● RS触发电路可记忆1比特的信息

图1 基本逻辑IC的构造与图表符号

a 逻辑电路的图表符号

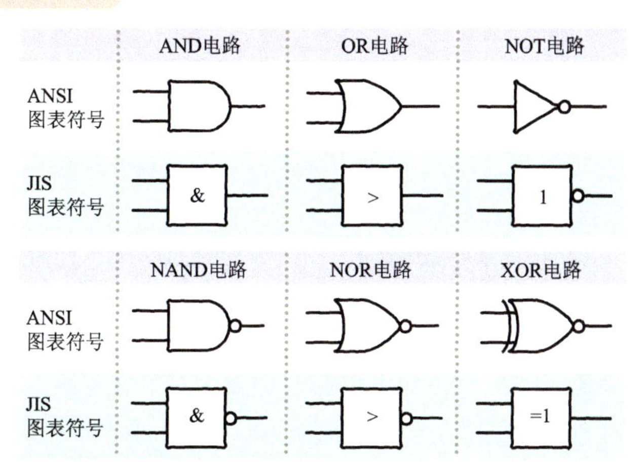

b 逻辑电路的组合连接与真值表

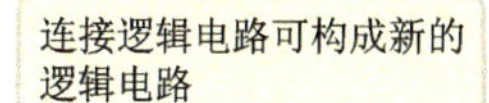

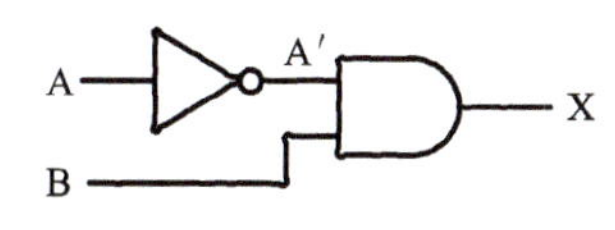

输出X是A′与B的逻辑积

输入			输出
A	A′	B	X
0	1	0	0
1	0	0	0
0	1	1	1
1	0	1	0

c RS触发电路

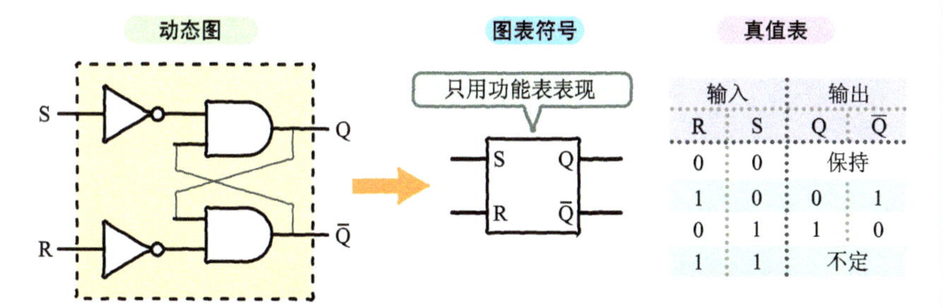

输入		输出	
R	S	Q	$\overline{Q}$
0	0	保持	
1	0	0	1
0	1	1	0
1	1	不定	

名词解释

触发电路→指可保持（记忆）1比特信息的逻辑电路

054 触发电路有各种各样的种类

如在(053)说明过的，所谓触发电路是指可记忆1比特信息的逻辑电路，作为计算机的记忆元件来使用。

RS触发电路我们已在(053)中与动态图一起作了显示。图1(a)用图表符号进行表现且显示了时序图。输出Q($\overline{Q}$为反转输出)在置位输入S开始从“0”到“1”的那一瞬间(上升沿)为“1”，同样在重置输入R的上升沿为“0”。而且，自锁期间称谓记忆信息的期间(根据设定也可使处在下降沿)。

图1(b)显示了称为**T触发电路**的逻辑电路。这种触发电路是输入为1个(T)，每次信号进入到输入T，输出Q则转变的逻辑电路。

图1(c)是称为**D触发电路**的逻辑电路，输入中带有输入D端子与时钟输入(CLK)端子。而且，输入D的信号在时钟输入(CLK)信号的上升沿时反映在输出Q。因此，输入D信号在维持“1”的期间，输出Q则产生“1”。而且，如输入D信号为“0”，在时钟输入(CLK)信号的上升沿时反映在输出Q，输出Q则成为“0”。

图1(d)是称为**JK触发电路**的逻辑电路，带着预置P与复位C。这种触发电路其2个输入(J、K)的状态在时钟输入T的上升沿时反映在输出Q。特别是输入J与输入K一致的时候，输出Q则反转。另外，预置P起着将电源接通在逻辑电路IC上的作用，复位的作用C则是使输出Q成为“0”。

要点 CHECK!

- 自锁期间成为记忆输入信号(信息)的期间

图1 触发电路的种类

a RS触发电路的图表符号与时序图

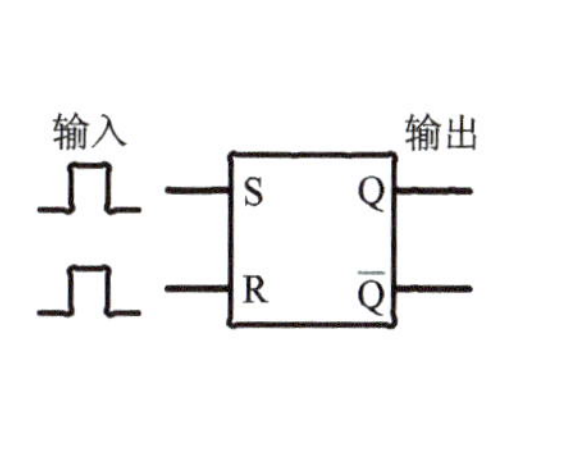

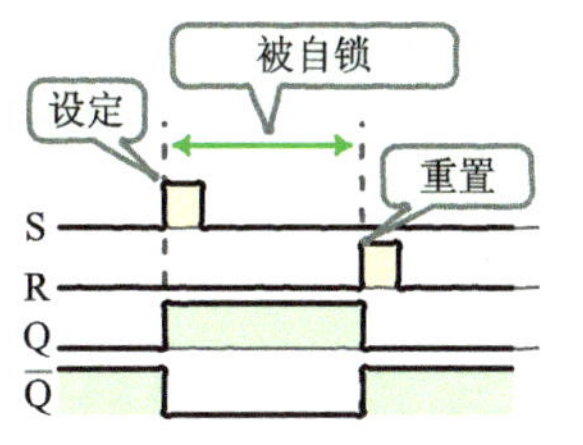

一旦设定，自锁直到被重置为止

b T触发电路的图表符号与时序图

触发电路的输出端子信号使用吗？

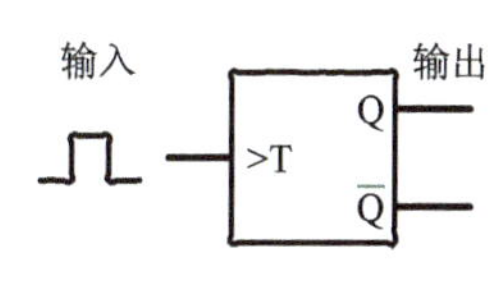

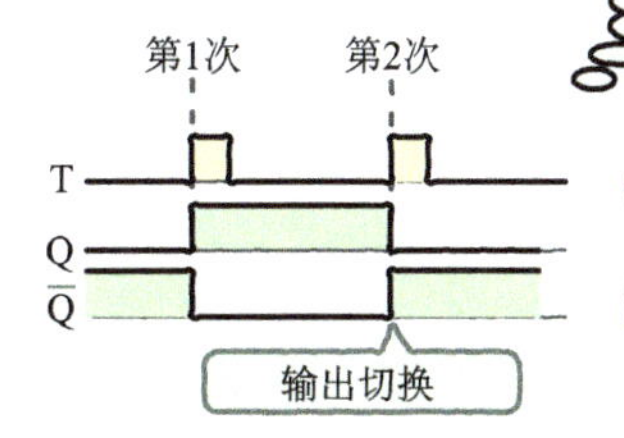

每次输入时输出都会切换

c D触发电路的图表符号与时序图

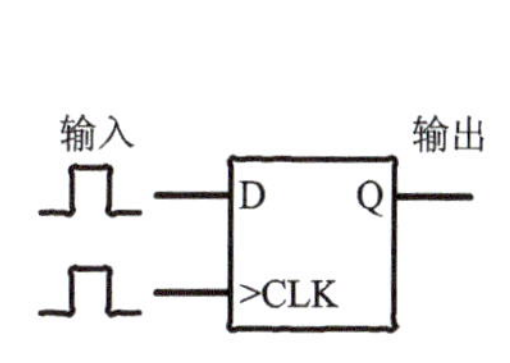

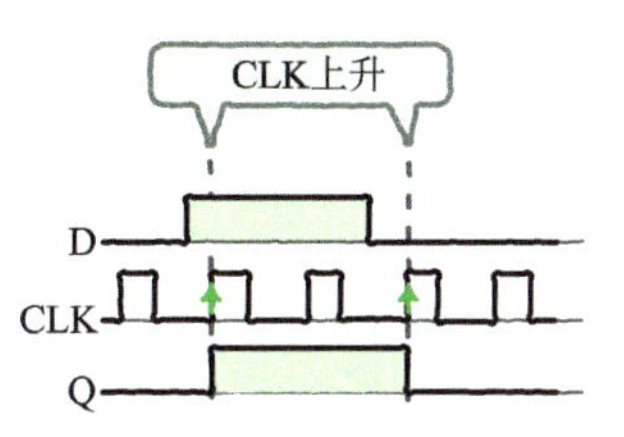

在CLK输入的上升时，D输入被输出

d JK触发电路的图表符号与时序图

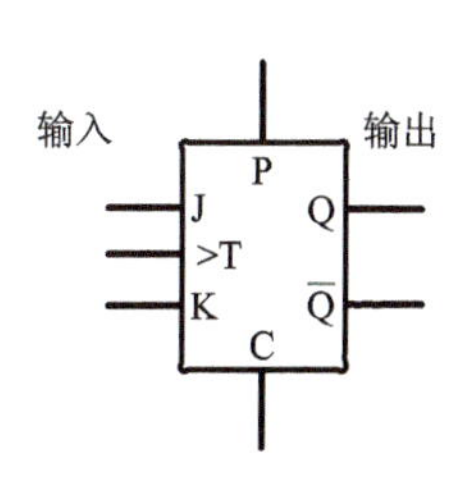

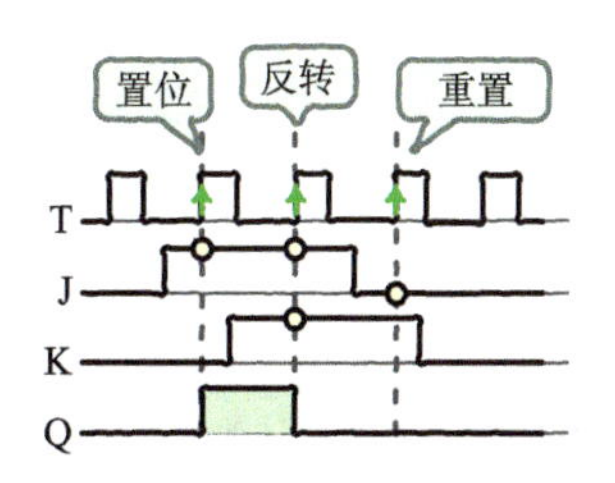

输出由J、K输入的状态决定

055 计数器可由触发电路制作而成

如串联连接T触发电路可形成计数器，计算**输入**进来的信号(脉冲信号)数量。

图1(a)显示了串联连接4个T触发电路(在下降时动作)而构成的4比特的计数器。这个计数器计算输入到输入(CLK)的脉冲信号数量，通过2进制来输出。也就是说，输出A、B、C、D担当着2进制的各个位数，具体为输出A为2进制的第1位数，输出B为第2位数，输出C为第3位数，输出D为第4位数。

图1(b)显示了与从输入(CLK)输入进来的脉冲数量相对应的输出A、B、C、D的状态的时序图。输出A、B、C、D的"0"与"1"可作为与2进位的各个位数相对应的数值来处理。因此，如将输出A、B、C、D按照D→C→B→A的顺序排列，则可作为4位数的2进制本身来处理。例如，输入信号(CLK)5个输入进来后，输出A为"1"，输出B为"0"，输出C为"1"，输出D为"0"。如按照D→C→B→A的顺序排列则会得到(0101)的结果。这个(0101)就是2进制表示10进制的5。

图1(c)是将与输入(CLK)脉冲数相对应的2进制输出D、C、B、A作成了表格。与此同时，试着用16进制表示了输入脉冲数。这样做可以了解到，16进制在1位数变到2位数与2进制4位数成为5位数的进位是同时的。

这样，使用T触发电路可形成计算输入信号(CLK)脉冲数的计数器。

- 通过逻辑电路形成的计数器用2进制输出

图1 计数器的构成

a 使用T触发电路的4比特计数器

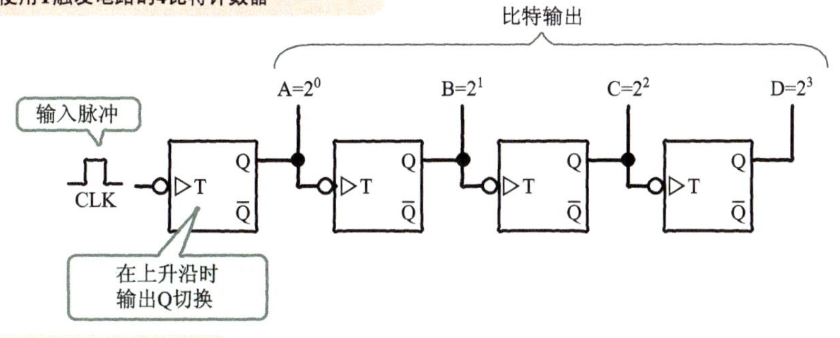

b 计数器的时序图

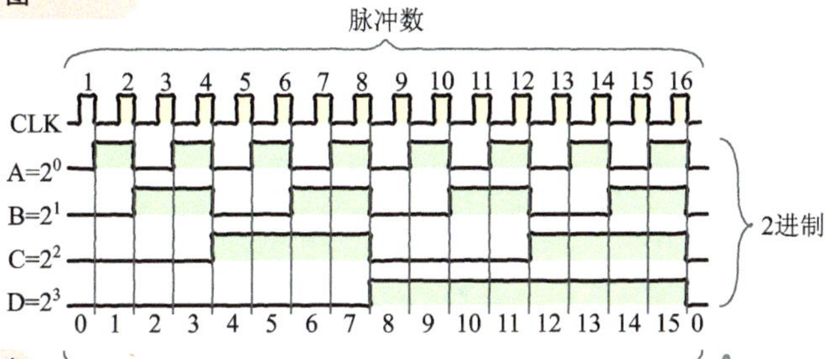

c 输入输出对应表

10进制	16进制	2进制			
		输出			
CLK		D	C	B	A
0	0	0	0	0	0
1	1	0	0	0	1
2	2	0	0	1	0
3	3	0	0	1	1
4	4	0	1	0	0
5	5	0	1	0	1
6	6	0	1	1	0
7	7	0	1	1	1
8	8	1	0	0	0
9	9	1	0	0	1
10	A	1	0	1	0
11	B	1	0	1	1
12	C	1	1	0	0
13	D	1	1	0	1
14	E	1	1	1	0
15	F	1	1	1	1

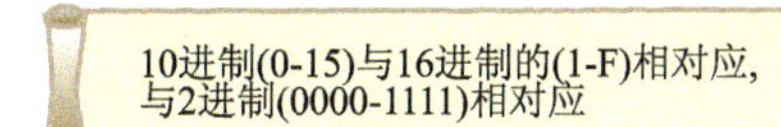

2进制4位数与16进制1位数的进位是同时的啊

名词解释

2进制 → Binary Number省略为BIN

16进制 → Hexadecimal Number省略为HEX

056 解码器将 2 进制转换为 10 进制

如果以我们日常使用的 10 进制来考虑，用 2 进制或 16 进制表现的数值可将其考虑是被**编码化（符号化）**的状态。而且，将被符号化的 2 进制或 16 进制退回到 10 进制并将其表现为人们能够理解的装置称为**解码器**。图 1(a)显示的逻辑电路如输入 4 位数的 2 进制会转换为 0—9 为止的 10 进制。如图 1(b)所示，4 位数的 2 进制从(0000)开始到(1111)为止有 16 种，在这里转换为 10 进制的 0—9 与 2 进制的(0000)到(10001)相对应。例如，2 进制(0101)时，输出在 10 个(0—9)中，(5)为高位的“1”。其他的输出端子则为低位的“0”，输入的数值为 5。这样，对于输入，输出为高位“1”的状态称为**高态有效**，同时，对于输入，输出为低位“0”的状态也称为**低态有效**。

如使用 2 进—10 进解码器，就可应用于对于 2 进制的输入，从 10 个中间只选择 1 个的选择电路。

图 1(c)将对于输入的 2 进制而输出 10 进制的情况以表格来表示。如在(055)说明的，2 进制表示输入信号 A 为第 1 位数的数值，B 为第 2 位数的数值，C 为第 3 位数的数值，D 为第 4 位数的数值。而且，如图 1(d)所示，在各个位数的数值乘以位数的权值($A=2^0$、$B=2^1$、$C=2^2$、$D=2^3$)后再全部相加，则可从 2 进制得出 10 进制。

另外，为了不混淆 2 进制与 10 进制，例如将 2 进制(0101)表示为$(0101)^2$。

- 输出信号的发出方法有高态有效与低态有效2种

图1 解码器电路的构成

a 解码器电路的图表符号

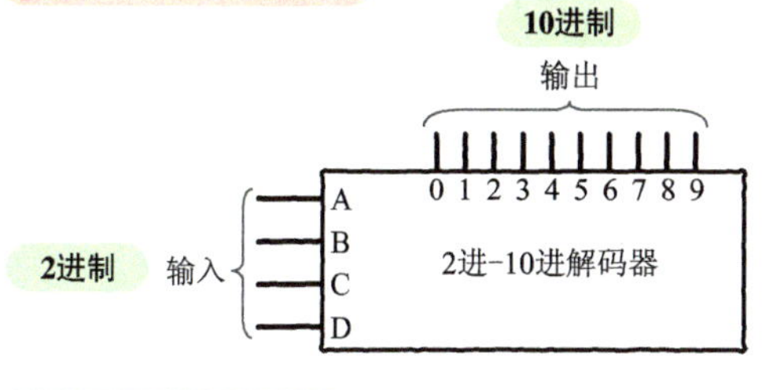

解码器将2进制转换为16进制或10进制

b 2进-10进制的转换图

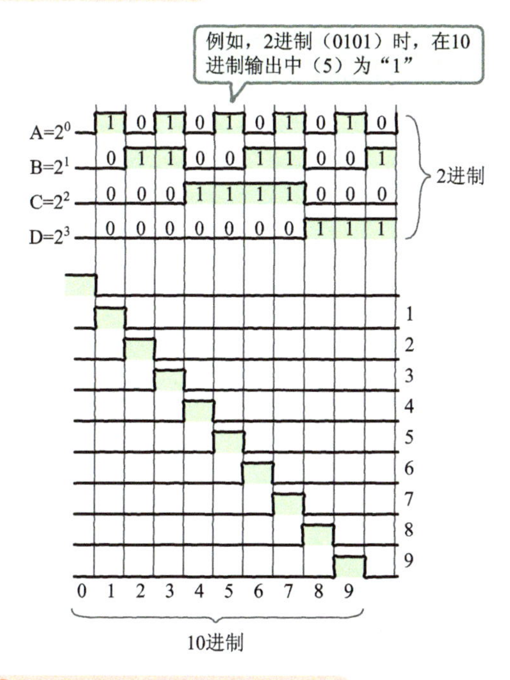

c 2进-10进制的转换表

2进输入				10进输出
D	C	B	A	
0	0	0	0	0
0	0	0	1	1
0	0	1	0	2
0	0	1	1	3
0	1	0	0	4
0	1	0	1	5
0	1	1	0	6
0	1	1	1	7
1	0	0	0	8
1	0	0	1	9

d 通过从2进制到10进制的计算的转换

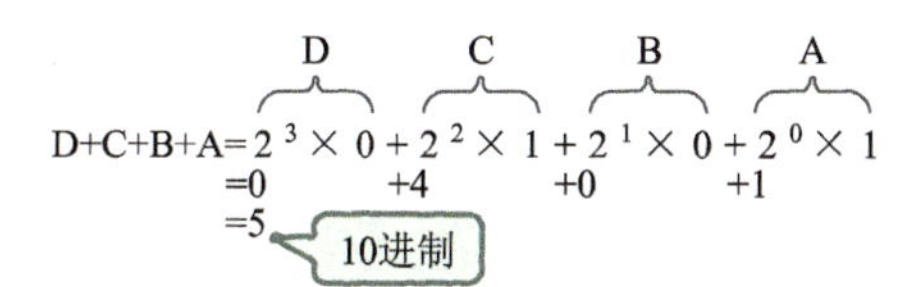

通过计算也可从2进制得出10进制

057 7段LED通过专用解码器运行

7段LED作为数值数据的显示器常见于显示自动贩卖机等的金额或组合音响的显示板等。手表等使用液晶的显示装置来降低更多电力消耗。

图1(a)表示的是7段LED。这种显示装置有2种构造为共用正极(正极一侧是共同的)与共用负极(负极一侧是共同的),用7个段表示数值,1个段表示点。也就是说,8个LED容纳在一个套装里可表示数值与点。

图1(b)将通过7段LED的连接而共有正极且连接在电源正极的方法称为共有**正极连接**。同时图1(c)为共有负极且连接在电源GND一侧的方法称为共有**负极连接**。在共有正极连接的情况下,在信号输入为低位(0V)的时候,LED点灯,而在共有负极连接的情况下,则是信号输入为高位(5V)的时候,LED点灯。

图1(d)显示的是**7段解码器**,是对于4比特2进制的输入显示出10进制输出的解码器驱动。例如,如果输入2进制的$(0011)_2$,输出a、b、c、d、e、f、g被解码为1、1、1、1、0、0、1,共有正极的7段LED则表示10进制的3。也就是说,它是将2进制转换成10进制后将其显示在显示装置上的解码器。另外,也有将2进制转换成16进制的解码器IC。

• 7段LED中有共有正极连接与共有负极连接

图1 7段LED的构造与解码器电路

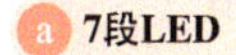

a 7段LED

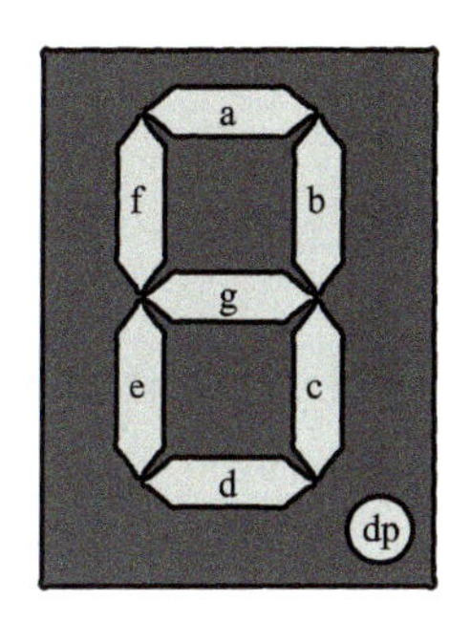

b 共有正极连接

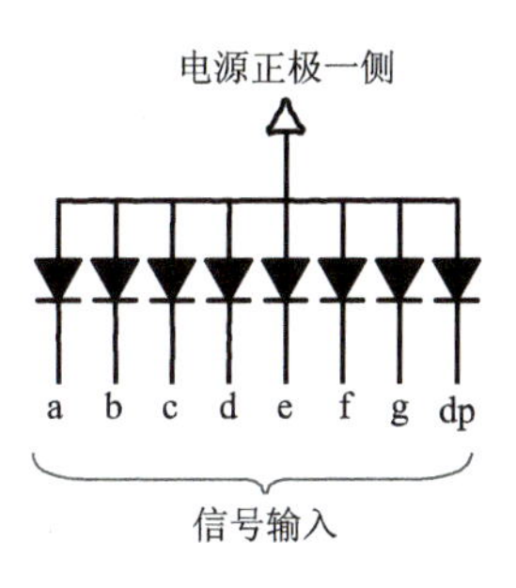

c 共有负极连接

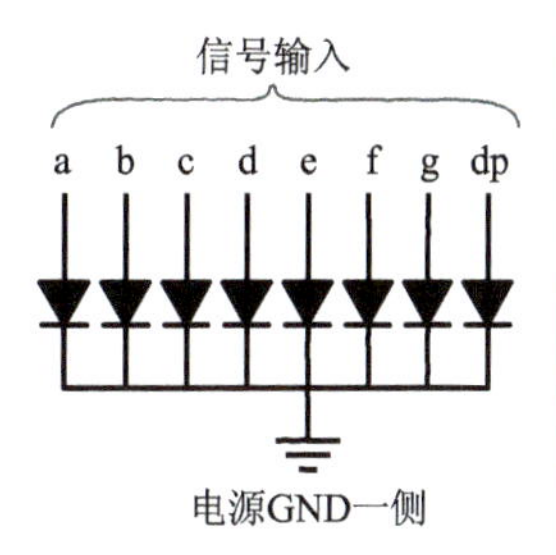

d 解码器电路的图表符号

e 7段解码器表

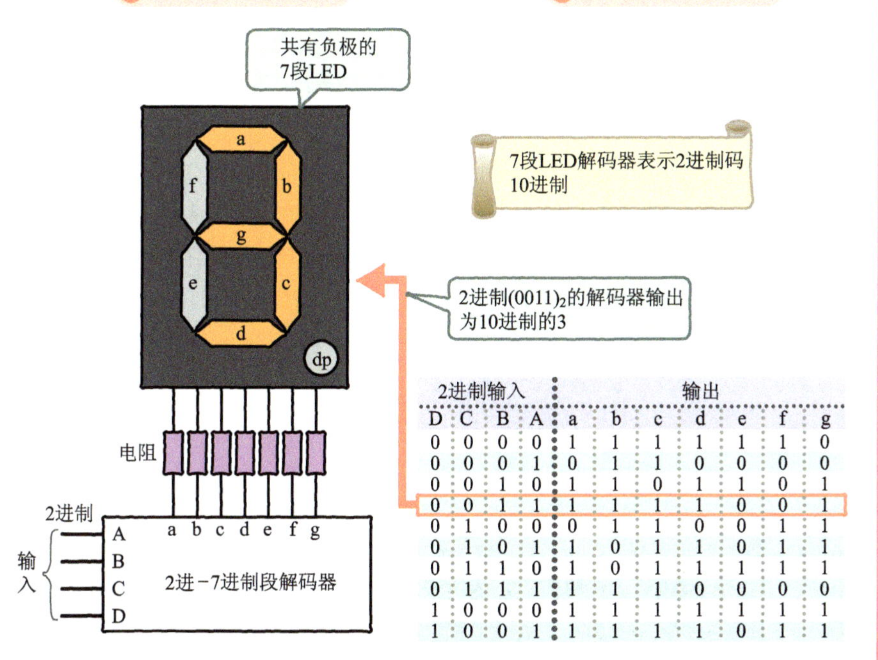

2进制输入				输出						
D	C	B	A	a	b	c	d	e	f	g
0	0	0	0	1	1	1	1	1	1	0
0	0	0	1	0	1	1	0	0	0	0
0	0	1	0	1	1	0	1	1	0	1
0	0	1	1	1	1	1	1	0	0	1
0	1	0	0	0	1	1	0	0	1	1
0	1	0	1	1	0	1	1	0	1	1
0	1	1	0	1	0	1	1	1	1	1
0	1	1	1	1	1	1	0	0	0	0
1	0	0	0	1	1	1	1	1	1	1
1	0	0	1	1	1	1	1	0	1	1

058 编码器将10进制转换为2进制

与(056)中说明的解码器相反的是**编码器**。它指将一般人们使用的数值或记号进行符号化(encode:编码),并转换成机械容易处理的表现形式的装置。在这里,我们对将日常使用的10进制符号化且转换为2进制的编码器进行说明。

图1(a)显示了转换10进制为4位数的2进制的10进—2进制编码器。这种编码器拥有10个(0～9)输入端子,如其中的任何一个为高位“1”,就可以输出与其相对应的2进制。例如,10进制的5转换为2进制的$(0101)_2$,输出A则为“1”、输出B为“0”、输出C为“1”、输出D为“0”。

机械从人接收信息的时候,以人们容易理解的状态来接收。因此编码器才是必要的。从人们接收信息后,机械则使用容易处理的表现形式(2进制)。

从2进制向10进制的转换计算通过将在各位乘以各自位数的权值后再互相相加来进行。从10进制向2进制的转换通过10进制除以2来求得。如图1(d)所示,例如,转换10进制的5到2进制时,首先用5除2,答案为2且余数为1。得出来的答案2再除以2,答案为1且余数为0,答案1再除以2,答案为0且余数为1。这样,一直重复到答案为0,如将余数按顺序排列则为1、0、1,于是10进制的5转换成2进制的$(101)_2$。也就是说,余数表示着对那个位数的权值。

- 机械从人们接收信息的时候，用人们容易理解的表现形式来接收，最后转换为易于处理的形式

图1 编码器电路的构成

a 编码器电路的图表符号

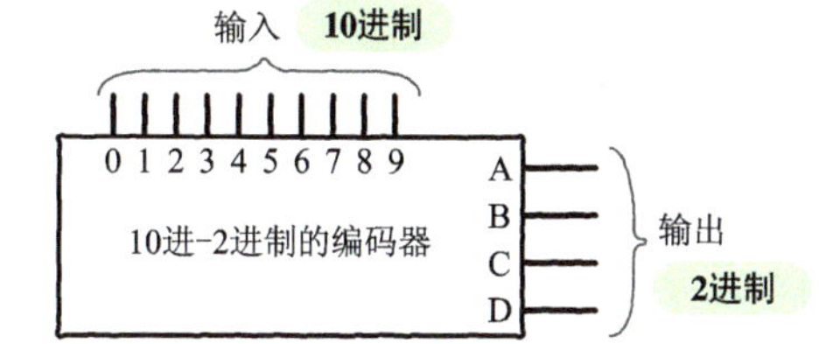

编码器转换10进制或16进制为2进制

b 10进-2进制的转换图

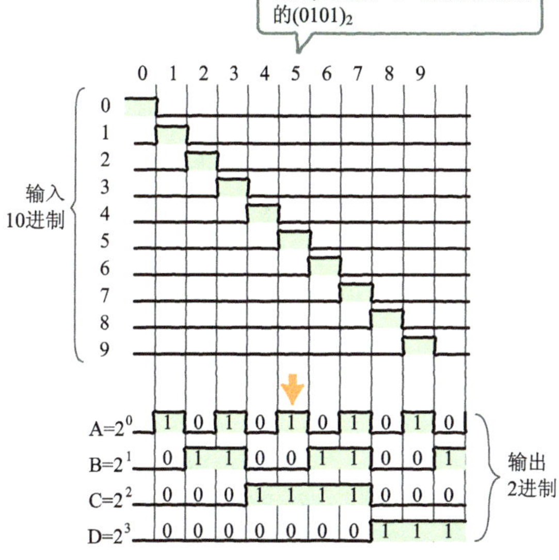

c 10进-2进制的转换表

10进输入	2进输出			
0	0	0	0	0
1	0	0	0	1
2	0	0	1	0
3	0	0	1	1
4	0	1	0	0
5	0	1	0	1
6	0	1	1	0
7	0	1	1	1
8	1	0	0	0
9	1	0	0	1

d 通过计算从10进制向2进制转换

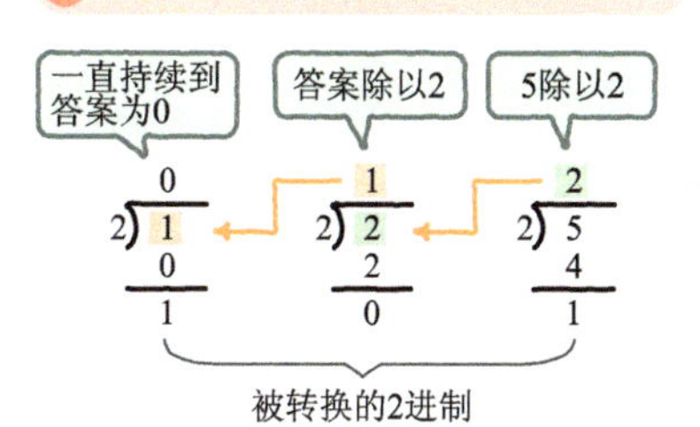

通过计算也可求得

059 基于 IC 的计时器可由计数器制作而成

计数器 IC 中有加法计数(计数值的增加)与减法计数(计数值的减少)两者都可以的。图 1(a)显示的是 10 进制计时器,加法计数与减法计数两者都是可能的。这种计数器可预先设定计算的数量,如果是加法计数器时,从设定的计数开始增加,如果是减法计数器时,从设定的数量开始减少。而且,在加法计数器的情况下,输入脉冲为 9 的时候,在 CO 端子会产生进位脉冲。同时,在减法计数器的情况下,输入脉冲为 0 的时候,在 CO 端子会产生退位脉冲。总之,利用进位用的 CO 端子输出的脉冲可作为计数器(计数机)来使用。

图 1(c)为减法计数器的利用,将光电开关的输出输入到计数器的 CLK 端子内。这个举例是在计数器内预先设定数值"7"的情况下,如果苹果通过了 7 个就会输出到 CO 端子上。即使苹果的大小改变或苹果的放置间隔不同,它也会正确地进行计数(计算)。因此,它不被脉冲的间隔或形状所左右。

图 1(d)也是减法计数器的利用。这种情况下,输入到 CLK 端子的脉冲使用由发信机等形成的具有固定周期且正确的脉冲。因为脉冲的周期是固定的,所以计算输入脉冲的数量就可知道时间。也就是说,设定脉冲数量与设定时间是一样的。

因此,使用计数器可构成计时器。发信机中有逻辑电路 IC,使用了水晶振荡子能够进行正确的脉冲发信,所以比较容易地构成电路。

- 计时器需要正确的发信机

图1 加法・减法计数器IC的构成与功能

a 加法・减法计数器IC的构成

脉冲输入

进位/退位的脉冲输出

设定脉冲的数量

2进制的输出

CLK CO

P1 Q0

P1 Q1

P1 Q2

P1 Q3

Load

U/D

CI

CLR

b 计数器的时序图

脉冲的数量

1 2 3 4 5 6 7 8 9 10

CLK

CO

$Q0=2^0$

$Q1=2^1$

$Q2=2^2$

$Q3=2^3$

c 可以计算设定的数值

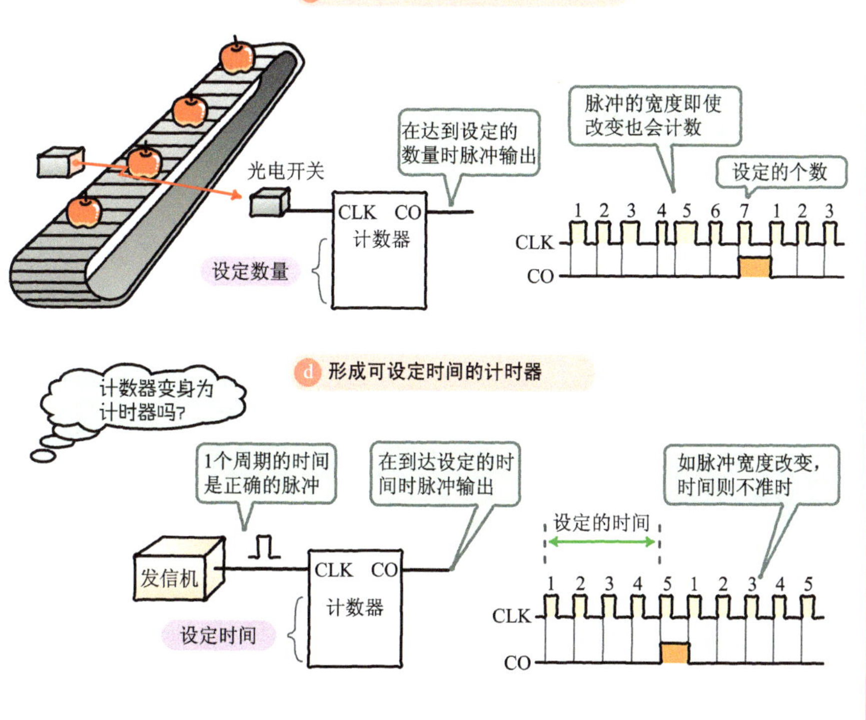

060 半导体闸流管(SCR)是开闭电气电路的理想开关

半导体闸流管是也称为**硅胶控制整流子**(SCR：Silicon Controlled Rectifier)的半导体元件，如图1(a)所示，是连接npn型晶体管与pnp型晶体管的开关元件。如果是这样的构造，依靠从闸门流入正极的电流，与顺向相对，开关在转弯处接通。因为半导体闸流管的出现，以前不可能的大电力的开关控制成为可能，且开始应用于送电系统的电力控制或电车等的交流直流转换器。

半导体闸流器在顺向电压时，如有微弱电流从闸门流入正极(起动器)，开关则转瞬接通(turn on：起动)且电流顺向流动。但一旦开关接通，它不能由门极电流来切断。断开半导体闸流管的开关(turn off：关闭)的是在半导体闸流器本身的顺向电流没有的时候。这是半导体闸流器的基本特性，通过门极电流可进行控制的矩形脉冲断开半导体闸流器(GTO：Gate Turn-off thyristor)也得以登场。

半导体闸流器因为是只可能控制单方向的开关元件，如在直流电路中1个半导体闸流器就可以解决，但在交流电路中两个方向都需要半导体闸流器。如(b)进行连接，面对交流电的正极半波与负极半波，各自顺向的半导体闸流器动作起来，称为交流电的**相位控制**的电压控制成为可能。例如，在正极半波的相位角α，半导体闸流器起动的情况时，正极波的期间是开关接通的状态，但如果电压为0且电流不流动，半导体闸流器的开关会自动断开。而且，接下来对于负极的半波，在相位角α起动，对两个方向各自都进行控制。这样可能控制两个方向的半导体闸流器称为**双向晶闸管**(TRIAC)。

- 半导体闸流器因损耗较小，应用于大电力的开闭

图1 半导体闸流器（SCR）的构造与利用

a 半导体闸流器的构造与图表符号

因为开关的开闭速度快，所以电力消耗小而可开闭大电力

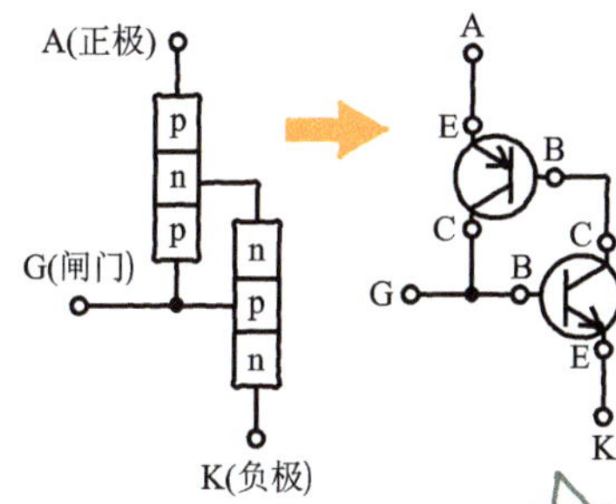

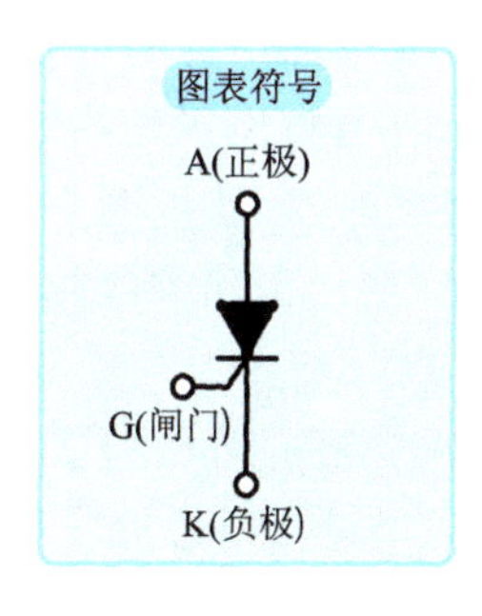

连接npn型晶体管与pnp型晶体管的是半导体闸流器

b 基于双向半导体闸流器的交流电控制电路

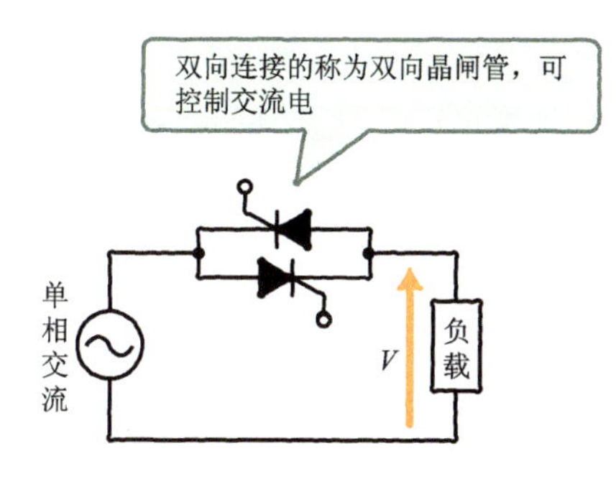

c 交流电相位控制

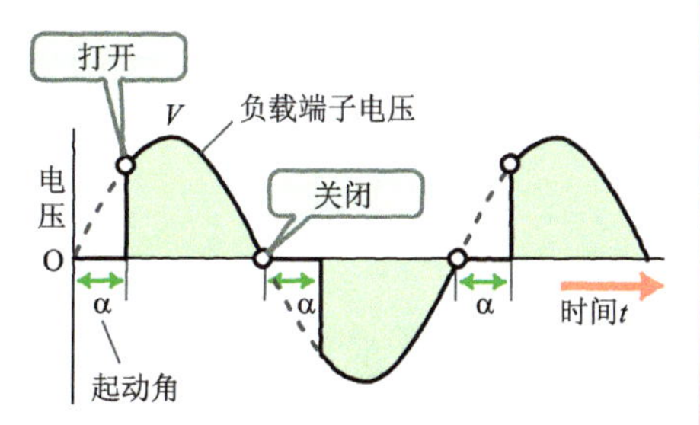

061 固态继电器是无触点继电器

所谓 SSR(Solid State Relay:固态继电器)是指因半导体动作的继电器,是无触点继电器的一种。因此,虽与电磁继电器的动作是相同的,但其开关的开闭速度较快且没有触点的机械性消耗。

图 1(a)表示了具有代表性的 SSR 的电路构成。输入信号由直流电压提供,通过光电二极管发出的光来驱动控制半导体闸流器。而且,光电二极管与光电晶体管的组合称为**光电晶体管组合**。因此,输入一侧与输出一侧没有电力连接是**绝缘**的。电磁继电器的情况时,通过**电磁力**输入输出连接在一起,所以输入输出还是绝缘的。SSR 的输入电路的电源使用直流电,输出电路的电源需要根据用途选择直流电与交流电的其中一个。

图 1(a)显示的电路事例是交流电控制用的 SSR,使用双向晶闸管(TRIAC)来进行电力的开闭。零交叉电路是检测交流电压成为 0V 的点(零交叉点)的电路,在交流电的零交叉点附近,半导体闸流器起动。因此交流电压的相位控制无法进行。与此相对,SSR 也有不带零交叉电路的,应用于交流电压的相位控制。这也可控制施加到负载(电灯或加热器)的电压平均值。

SSR 多用于白炽灯或加热器等热源的控制,而作为交流电压的相位控制,可举例出起居室的照明等。而且如图 1(c)所示,SSR 也用于三相感应电动机的 on・off 控制等。通过将三相电路的 2 根电线同时进行 on・off 操作,可控制施加在三相感应电动机上的三相电压,而 on・off 控制成为可能。

要点 CHECK!

- 在SSR的输出电路中,使用双向晶闸管进行交流电的开闭

图1 固态继电器（SSR）的构造与利用

a SSR的电路构成

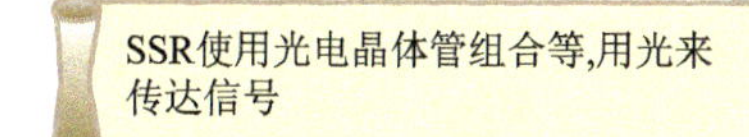

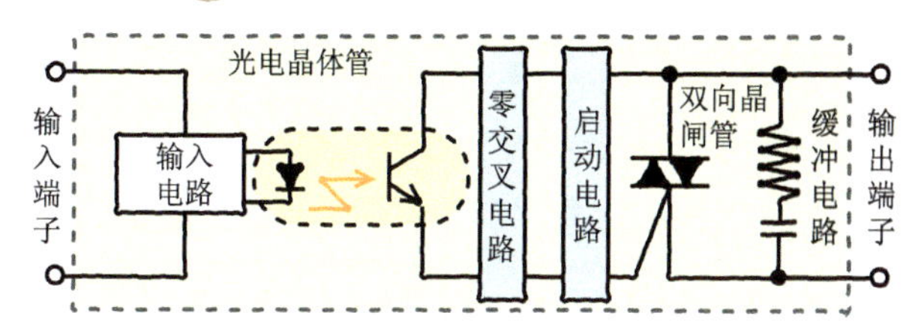

b SSR的负载连接

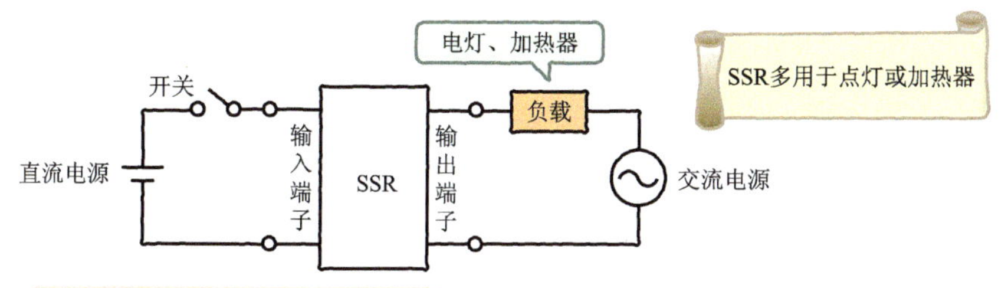

c 三相感应电动机的on・off控制电路

SSR

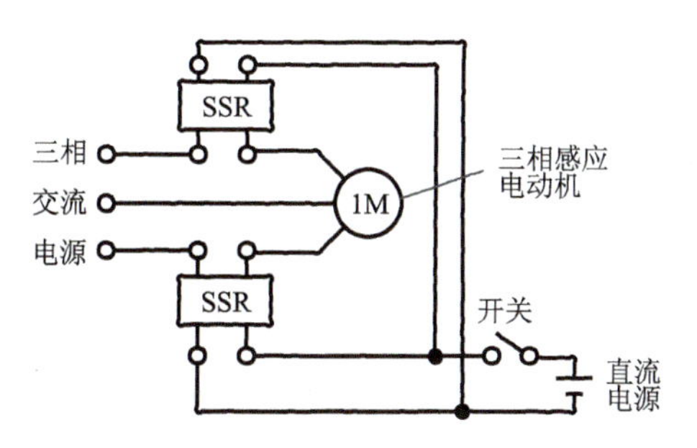

名词解释

缓冲电路 → 指消除开闭开关时产生的噪声的保护电路

COLUMN

有通过电磁继电器形成的计算机

在人类的历史之中，**计算机**可以说是血与汗的结晶。现在的计算机并不是因某个人的想法而突然形成的东西。它是很多人进行多次试验与失败的费尽心血的结果。其中就有使用电磁继电器的计算机。

1948年世界最早的计算机**ENIAC**在美国宾夕法尼亚大学诞生。ENIAC体积较大，就如装满20块草席大的房间一样，据说使用了几万个真空管与电磁继电器而制作成的。本来计算机通过顺序控制来运作的，只要不局限于速度或大小，通过电磁继电器的记忆功能或逻辑电路就可形成。实际此点的正是ENIAC。

如图所示的逻辑电路是**半加法电路**，可进行2进制1位数的加法。

图 半加法电路的构造与真值表

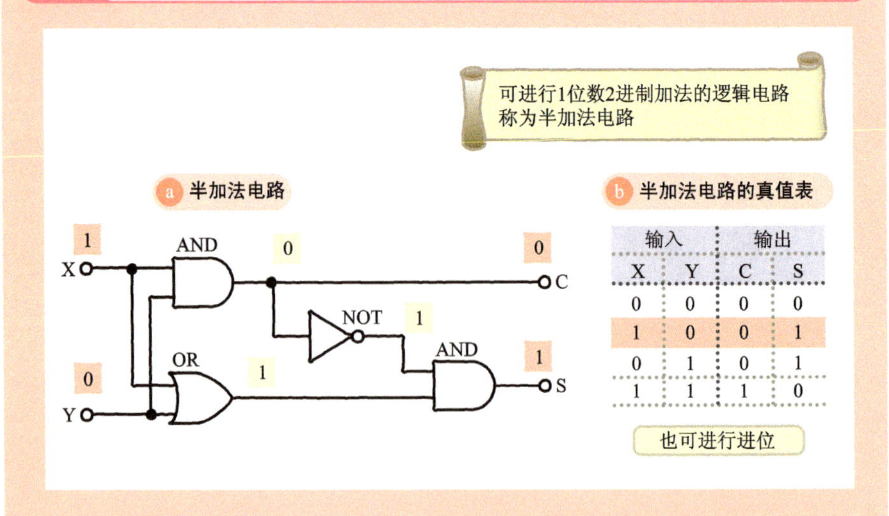

输入		输出	
X	Y	C	S
0	0	0	0
1	0	0	1
0	1	0	1
1	1	1	0

微型计算机与顺序控制

微型计算机与顺序控制从最初就有关系，顺序控制电路的集成化与微型计算机的诞生几乎是同时的。因此，我们先明确微型计算机的基础知识，并对与顺序控制之间的关系进行说明。

062 微型计算机的诞生使人们的生活环境为之一变

使用半导体或逻辑 IC 的控制系统是电子电路，逻辑动作的改变也伴随着逻辑 IC 或电子电路的连接改变。但是，使用微型计算机的控制系统可通过软件(程序)进行逻辑动作的改变。例如，即使构造相同的电饭锅其功能也有所不同，正是程序不同的缘故。

20 世纪 70 年代，微型计算机开始应用于台式电子计算机或游戏机等，也很快被利用于顺序控制。产业界为了节省现有生产系统的劳力而引进了微型计算机，从而生产能力得到了提高。现在，我们家庭中所有的家电产品几乎都带有微型计算机，使我们的生活方便起来。电视机或空调的遥控器之中一定带有微型计算机，使我们能够不活动就可操纵机械。起居室的桌子放着几个遥控器是日常见到的情景。电动洗衣机成为全自动，电灶或供给热水系统能够说话都是有微型计算机的缘故。这样家电产品的自动化使我们的生活环境越发方便。

在外出时，用车站的自动售票机买票来通过自动检票机。坐过站的情况时，通过自动补票机来补票。这些自动机械通过基于微型计算机的顺序控制得以实现。同时，自动装置只用于产业界的时代结束，也开始探讨将其用于医疗或护理以及救助活动。这些自动装置也是通过微型计算机而得以实现。平时虽没留意，但我们在生活中利用着很多的微型计算机。

- 微型计算机用于多数家电产品，现在已经是机械之中的主角

图1 微型计算机与我们的生活

a 自动饭锅的进化

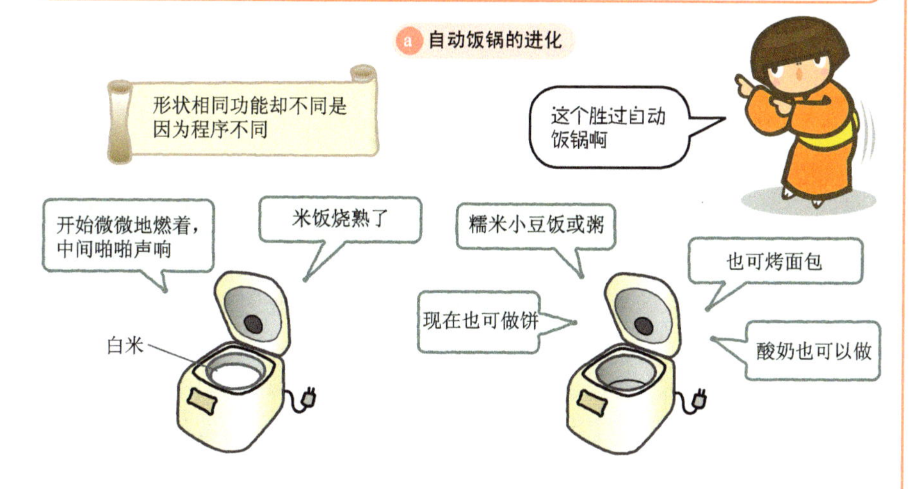

b 我们的生活与微型计算机

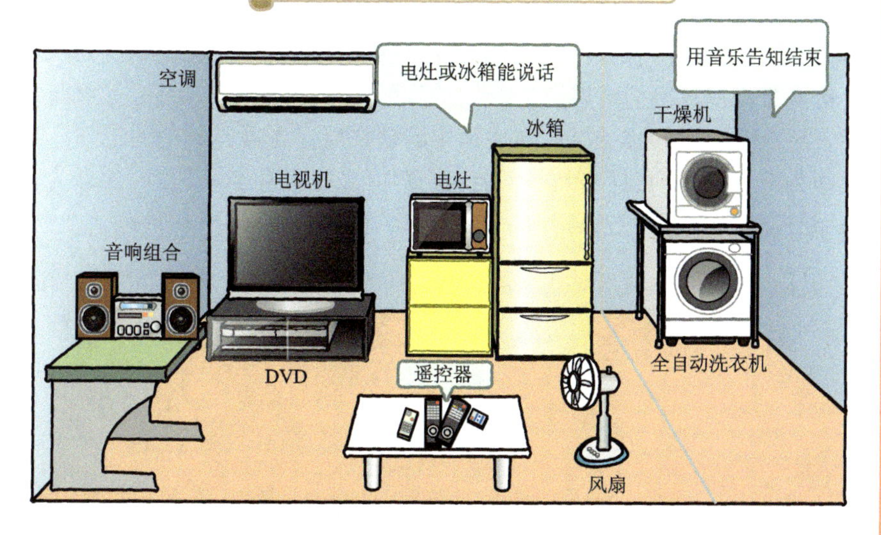

063 微型计算机用 5V 的电压运行

微型计算机是逻辑电路形成的集成电路(IC:Integrated Circuit)。最初,使用的是 CPU(Central Processing Unit)或存储器(ROM、RAM)安装在 1 个基板上形成的单板微型计算机,现在在 1 个芯片中则浓缩着很多功能。

图 1 显示了一个芯片的微型计算机的概略。电源电压使用直流电 5V,这是数字输入输出的标准值。也就是说,一旦在输入端子施以 5V 电压,它会逻辑地判断为“1”(on),且输出端子输出“1”(on),则输出端子产生 5V 的电压。同时,逻辑性的“0”(off)则意味着 0V 的电压(实际上电压有范围)。这种数字输入端子的汇集称为**输入端口**,开关可直接连接且利用于顺序控制。同时,数字输出端子的汇集称为**输出端口**。LED(发光二极管)等小容量的负载则可以连接在输出端口上,但连接电磁继电器并不能使之驱动。

微型计算机内部装有计数器和计时器,可以计数外部输入进来的脉冲信号。而且,它内部还装有将输入的模拟信号且转换为数字信号的 **A/D 转换器**或将数字信号转换为模拟信号的 **D/A 转换器**。并且,有**中断功能**,反应于外部而来的中断,在中途中断动作而优先操作其他的工作。当然因为是计算机,它具备判断动能、演算功能、记忆功能,以输入信息为基础,通过软件(程序)来进行信息处理从而可控制输出端子的状态。

- 微型计算机中除了有可记忆数据的存储器或可进行数字输入输出的端子之外,内部还装有计数器或计时器

图1 微型计算机的构成

a 微型计算机的输入与输出

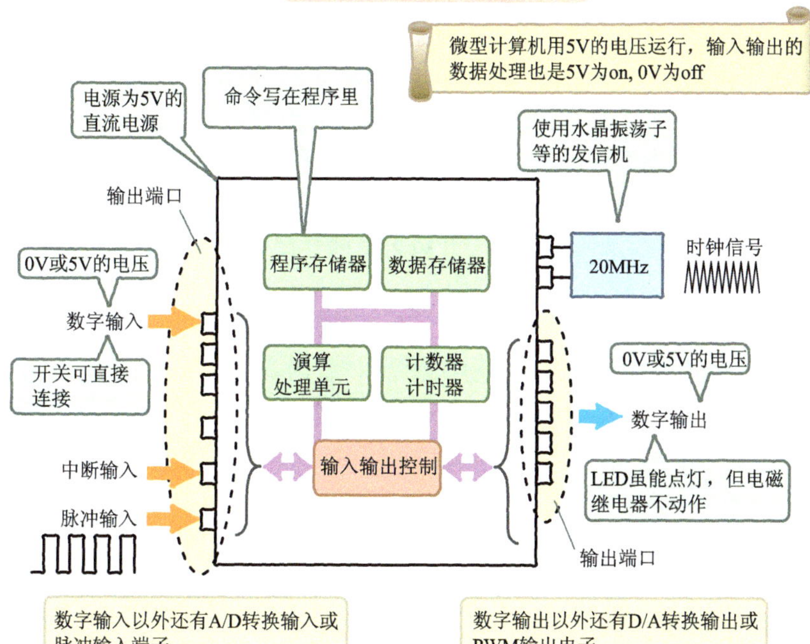

b 单芯微型计算机

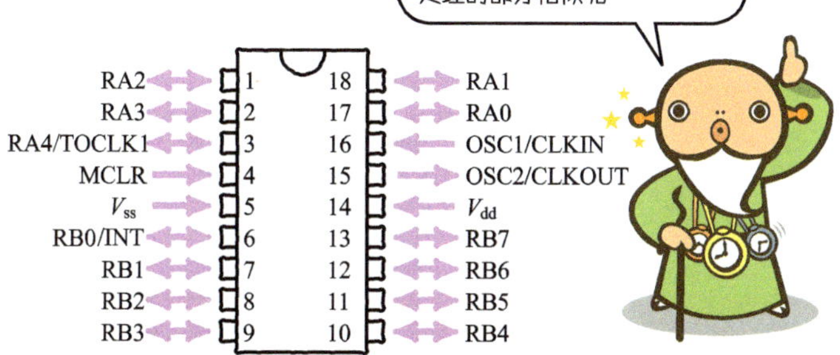

名词解释

单芯 → 指集成电路形成的小基板

064 开路集电极输出低态有效

可对微型计算机的数字输入端子施以 DC5V 的电压。同时，输出端子基本会产生 DC5V 的电压。因此，也可将电源电压 DC5V 施加在输入端子，输出端子也可连接发光二极管(LED)等的轻负载(25mA 程度)。

图 1(a)是用电阻上拉的输入端子的连接举例，以及轻负载连接在晶体管的集电极哪都没连接的称为**开路集电极输出**的输出端子的举例。连接电阻 R1 在输入端子且连接电源的 5V，开关 BS 打开时，输入端子则不断连接到 5V 成为 on 状态。而且，只有关闭开关 BS 时，输入端子才连接到 0V 成为 off 状态。输出端子连接在晶体管的集电极上，一旦晶体管成为 on，输出端子则被连接到 0V，通过上拉的电阻 R2，LED 内流入电流而点灯。这样，输出端子成为 0V(L)而动作的情况称为**低态有效(L)**。

图 1(b)是用电阻下拉的输入端子的连接举例，以及负载连接在晶体管的集电极在内部下拉的输出端子的举例。连接电阻 R1 到输入端子且连接电源 0V，开关 BS 打开时，输入端子常为 off 状态，开关 BS 关闭时输入端子则连接到 5V 成为 on 状态。

另一方面，连接在输出端子的晶体管的集电极(C)因为在内部被下拉，所以输出晶体管为 on 时，集电极连接到 0V 且电压不会施加到负载上。相反输出晶体管为 off 时，集电极连接到 5V，电流通过电阻 R2 流入 LED 而点灯。这样，输出端子成为 5V(H)而动作的情况称为**高态有效(H)**。

要点 CHECK!

- 在开路集电极输出中，如果不使用上拉电阻，输出则不会出现

图1 数字输入输出端子的使用方法

a 输入端子的上拉与开路集电极输出

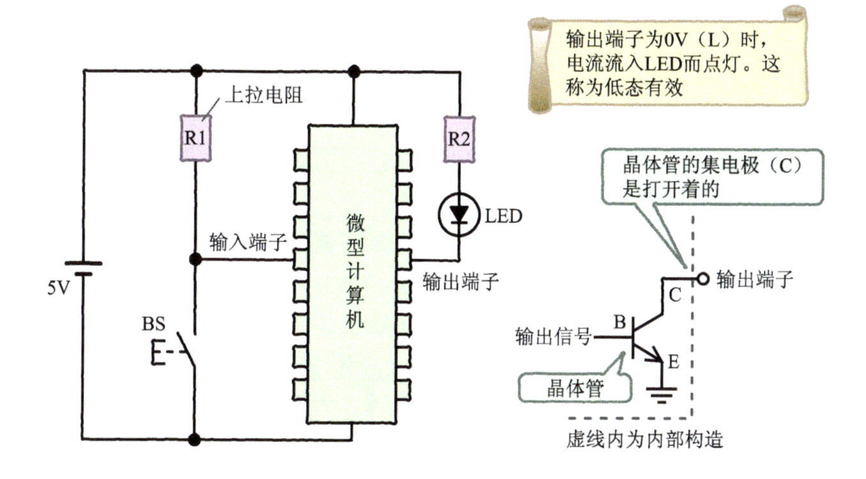

b 向输入端子的下拉与上拉的输出的连接

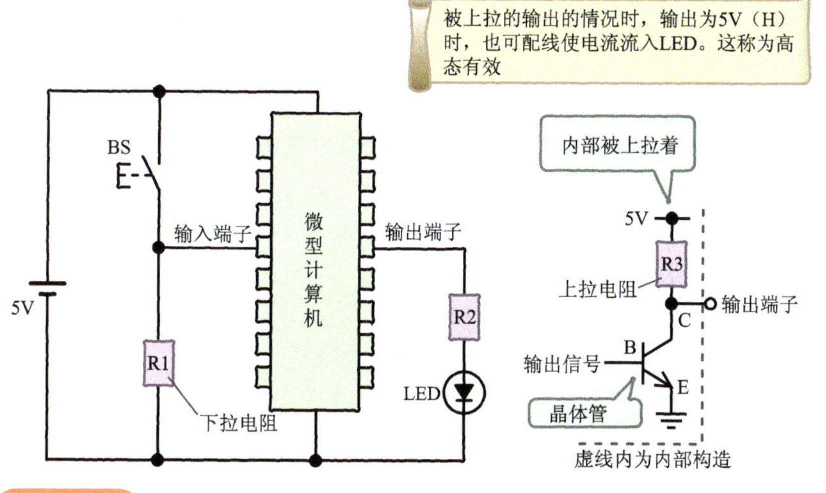

名词解释

上拉 → 通过电阻连接电源的正极（5V）

下拉 → 通过电阻连接电源的接地（0V）

065 微型计算机无法直接驱动电磁继电器

微型计算机是处理信息的装置，所以输出没有大容量的驱动力。就是说，它与顺序控制中的处理信息的部分是相同的。因此，为了驱动电磁继电器或电磁开闭器必须放大电力。这与使用SSR等小容量开闭器驱动大容量的电磁开闭器的情况是相同的。

图1(a)是连接按键开关BS到输入端子且连接LED(发光二极管)到输出端子上的举例。关闭按键开关BS，输入端子因被连接到电源的正极上成为5V。同时，打开按键开关BS，因输入端子通过电阻(R1)连接到电源的负极而成为0V。这样输入端子通过按键开关BS可以输入0V即"0"或5V即"1"的数值。

同时，串联连接在电阻(R2)的LED连接在输出端子且连接在电源的负极上，所以如输出为5V"1"则电流流入，LED而点灯。检测出输入状态且控制输出的正是程序。根据输入是怎样的来决定怎样输出的是程序，因此输出的LED控制模式多到无以数计。

图1(b)显示了代替输出一侧的LED而控制电磁继电器的电路。从输出端子通过电阻(R2)后连接到晶体管的基极上，通过运行作为开关的晶体管来驱动电磁继电器。这种情况下，输出端子如输出5V"1"，电流流入晶体管的基极，晶体管作为开关而关闭(on)，连接在电源电压的电磁继电器动作起来。而且，输出端子如输出0V"0"，晶体管的开关打开(off)则电磁继电器复位。

- 使用微型计算机的输出，将晶体管作为开关来驱动电磁继电器

图1 向微型计算机的机器连接

a 基于微型计算机的LED的点灯电路

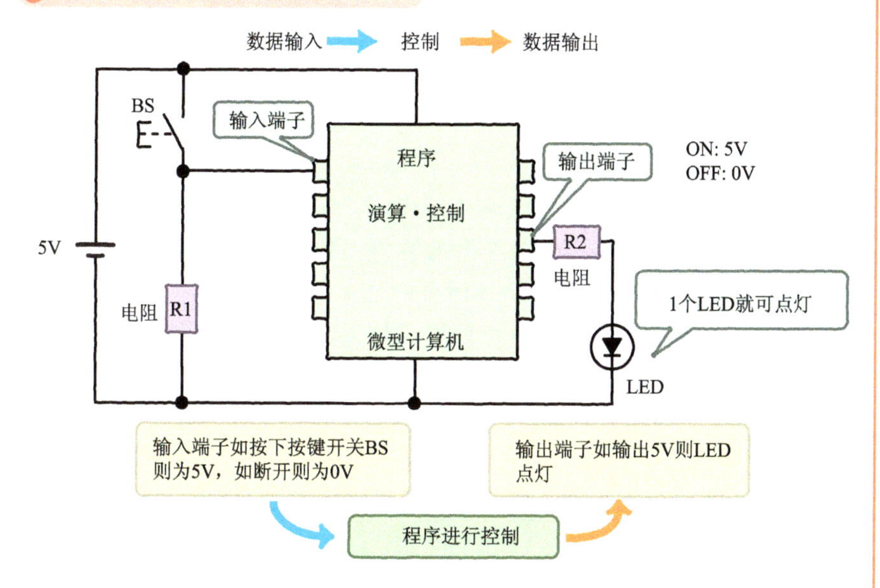

b 基于微型计算机的继电器的驱动

晶体管成为开关来驱动电磁继电器

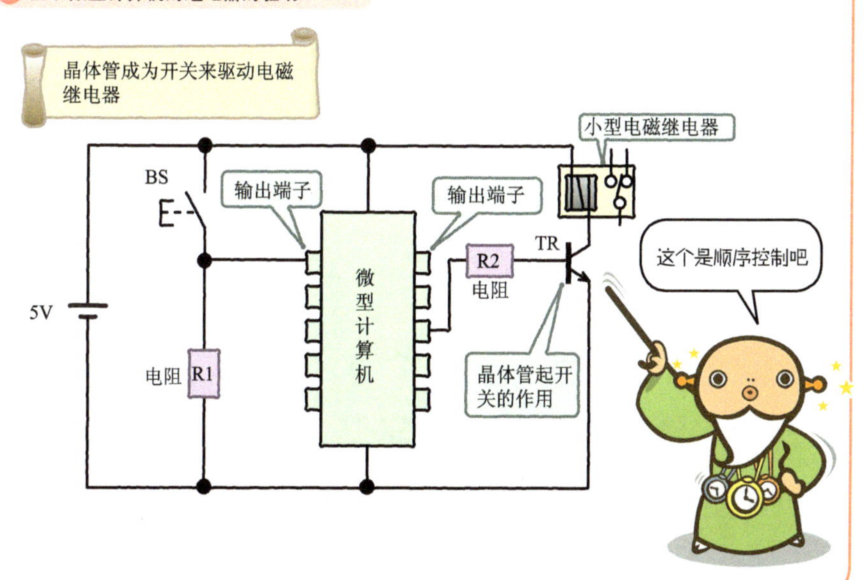

066 微型计算机中附加着丰富的功能

微型计算机中除了数字输入输出端子以外，还有很多通过软件切换功能的端子。如(063)所示，微型计算机也有内部装有可能输入输出模拟信号的功能。

图 1(a)显示了将模拟信号转换为数字信号的 A/D 转换器。这种 A/D 转换器是 8 比特的转换器，将输入的模拟信号(0～5V)转换为数字数据(00000000～11111111)。模拟信号的最大值 5V 转换为与之相对应的 8 比特的 2 进制的最大值(11111111)，因此从 0V 到 5V 的模拟信号可分割为 8 比特的数字数据(00000000～11111111)的 255 等级。这 1 个分割称为 A/D 转换器的**分辨率**。例如，输入模拟信号为 3V 时，被 A/D 转换的输出数据则为(10011001)。而且，为了将输入的模拟数据转换为数字数据，因为需要 10μs 程度(根据转换器不同则不同)的时间，连续转换的情况需要一定的间隔。

图 1(b)显示了将数字信号转换为模拟信号的 D/A 转换器。这种 D/A 转换器的功能与(a)的 A/D 转换器相反，将输入的 8 比特的数字数据(00000000～11111111)转换为模拟信号(0V～5V)。例如，输入数字数据(10011001)则输出 3V 的模拟信号。因此，如果微型计算机中内部装有 A/D 转换器与 D/A 转换器，输入模拟信号后进行信息处理，则可输出模拟信号。

• 8比特的A/D转换器的分辨率为1/255

图1 A/D转换器与D/A转换器

a 8比特A/D转换器的构造

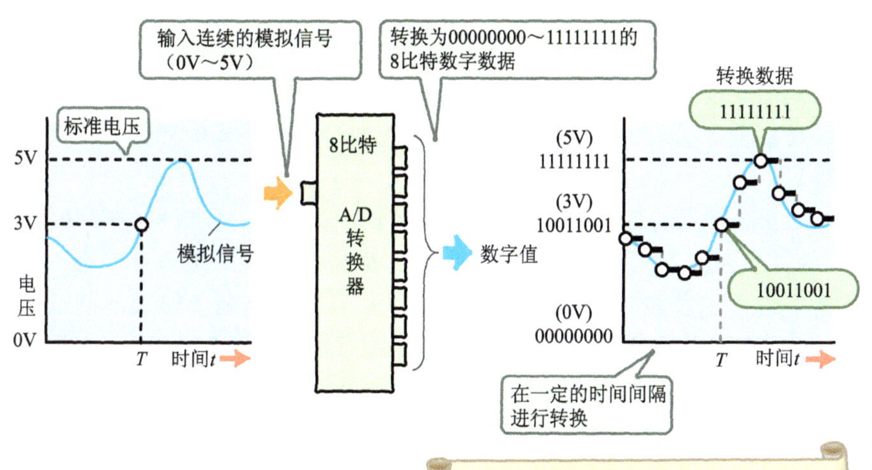

因在时间T中模拟数据的电压值为3V，数字数据则为10011001

b 8比特D/A转换器的构造

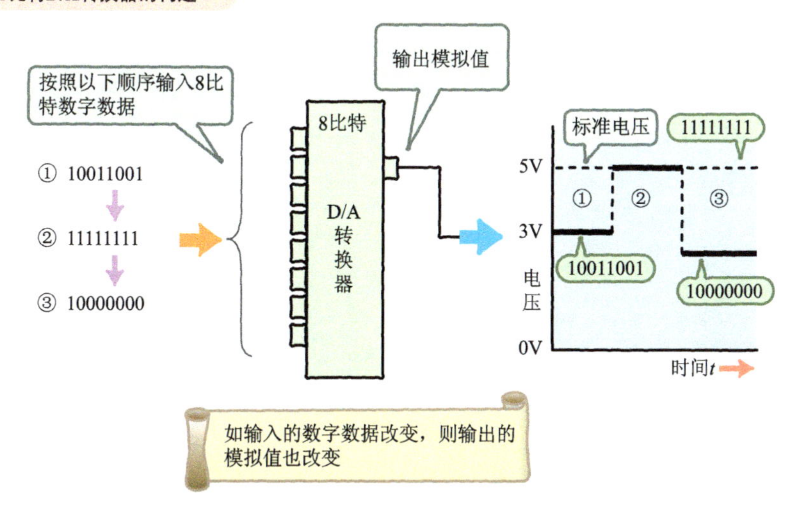

如输入的数字数据改变，则输出的模拟值也改变

067 计算机使用2进制或16进制

我们周围有很多内装微型计算机且设计为人们容易使用的机械。洗衣机或电灶设定时间或次数的情况是使用10进制。但是，微型计算机的内部是基于2进制的演算。这是传达人们与计算机之间的**界面**得以完善的缘故。

图1(a)显示了基于2进制的信息表现。2进制1位数可进行“0”与“1”的2种表现。2进制2位数则是4种表现，3位数则是8种表现。这样将2进制的位数进行2的乘方就可计算出用2进制能够表现的信息量。8位数的2进制(8比特)可以进行2的8乘方种信息表现，所以可进行$2^8=256$即256种的表现。

图1(b)显示了微型计算机的输入输出端子与信息的输入输出。每个输入输出端子都可设定输入输出。这就是可以输入输出每1比特的信息。同时，汇集8个输入输出端子也可输入输出1字节的数据。1字节的数据为8比特，在2进制中则是8位数。

图1(c)表示着10进制与2进制与16进制的关系。2进制4位数的最大值(1111)与16进制1位数的最大值(F)一致。因此，2进制8位数(8比特)的数据的最大值(11111111)与16进制2位数的最大值(FF)一致。这样，2进制的4位数划分与16进制的1位数相等，因此2进制与16进制常用于计算机的数据处理。一般为了不混淆使用2进制与6进制或10进制，2进制注上2书写为$(11111111)_2$，16进制注上16书写为$(FF)_{16}$。

- 2进制8位数称为1字节（或1个8位字节），可进行256种的信息表现

图1 计算机中的数据表现

a 比特与数据表现

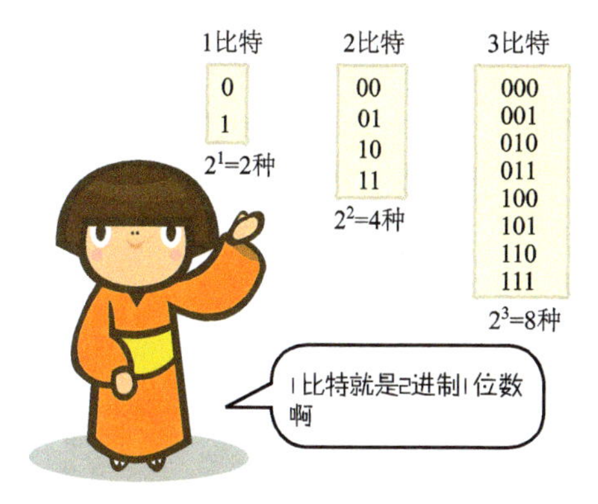

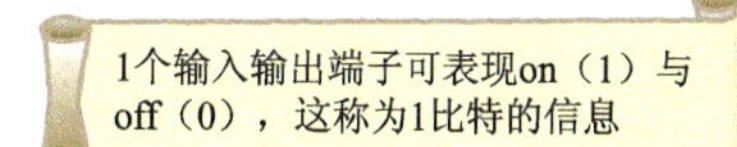

b 微型计算机的输入输出端子

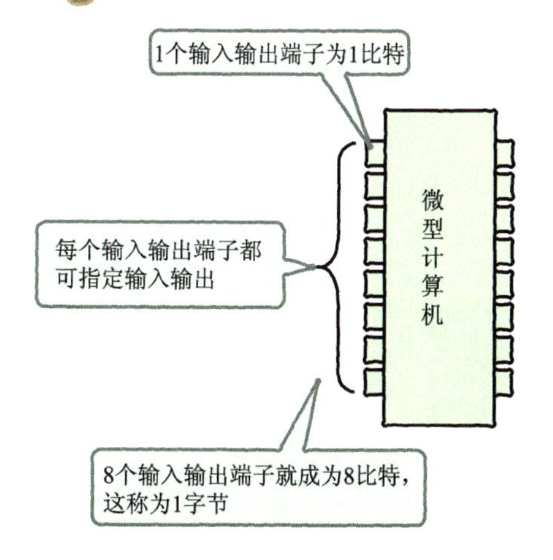

c 10进制、2进制、16进制

16进制在9以上使用拉丁字母

10进制	2进制	16进制
0	0000	0
1	0001	1
2	0010	2
3	0011	3
4	0100	4
5	0101	5
6	0110	6
7	0111	7
8	1000	8
9	1001	9
10	1010	A
11	1011	B
12	1100	C
13	1101	D
14	1110	E
15	1111	F

068 数据的输入输出通过程序来进行

微型计算机中发出命令的是程序。这些程序保存在存储器里且按照顺序来进行。因为程序是按照2进制的形式保存在存储器里的，所以它不是我们能理解的东西。我们在开发程序时使用人们可以理解的程序语言。常用的程序语言中有**C语言**，使用if()或While()等总觉得理解其意思的记述。

图1(a)所显示的事例是从输入端口port_a输入1字节的数据后在输出端口port_b输出。这时，微型计算机中准备了名为data的存储位置，将读取后的1字节数据存储在data里且输出到port_b。这时，如果使用Data=port_a的记述，data则会从port_a输入数据。而且，如果记述为port_b=data，则data的内容则输出在port_b。这里使用的=不是数学的等号，它表示有从右到左的数据移动。这样，意外地可简单形成数据的输入输出程序。

图1(b)显示了输入输出1字节(8比特)数据的具体事例。输入一侧的各个开关通过电阻连接(下拉)在0V，在开关打开着的时候输入端子为OV"0"，关闭时为5V"1"。同时，8个输出端子全部连接LED则1字节的数据能够一目了然。通过将从输入接收的数据存储到data里可进行各种各样的处理。而且，可以将处理的结果作为1字节的数据显示到8个LED上。

要点 CHECK!

- 程序使用C语言等可简单地进行记述

图1 输入输出1字节的数字数据

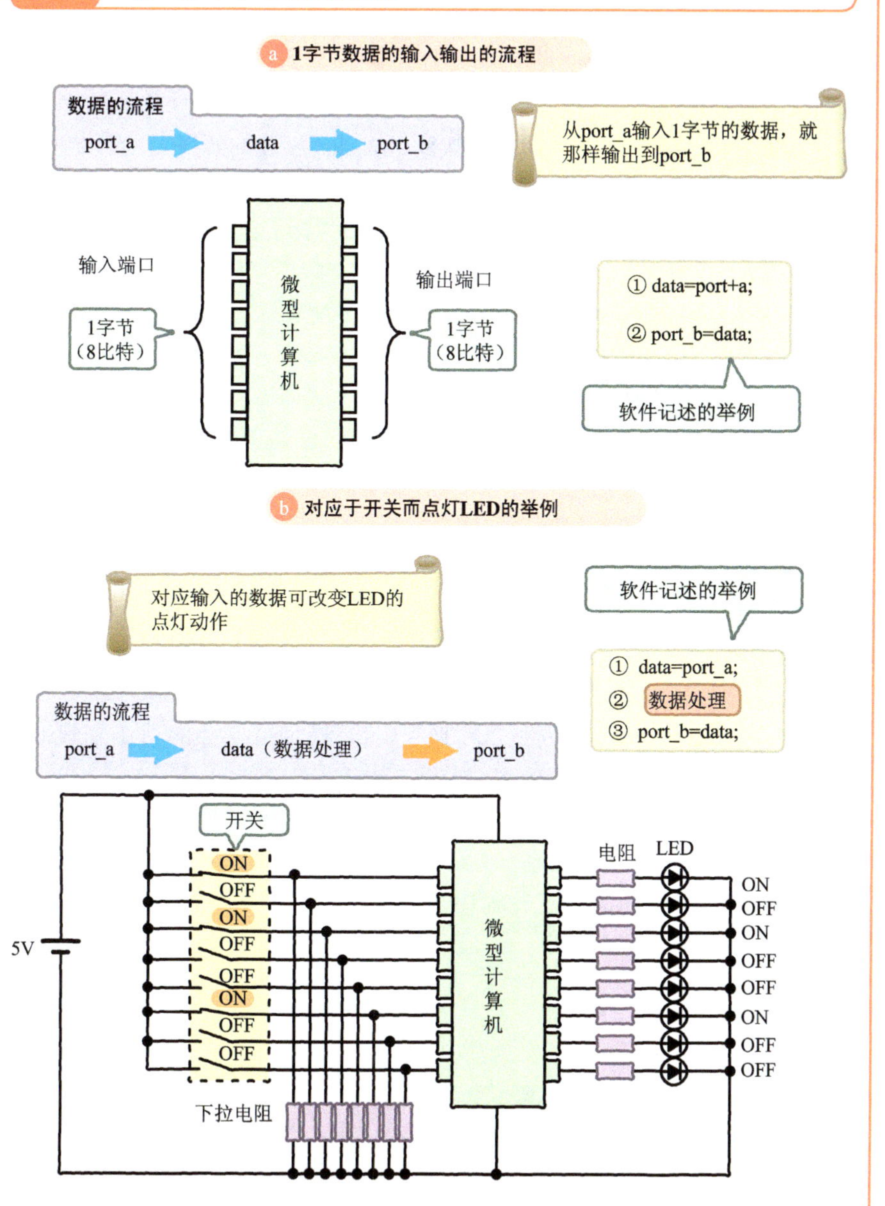

069 微型计算机可控制小型直流电动机

图 1(a)是将 3 个输入端子连接到开关上，各自的开关具有不同的意义（正转、停止、逆转）。使用 2 个输出端子可输出 4 种信息（00、01、10、11）。**电动机驱动**具有 4 个动作模式（停止、逆转、正转、制动停止），通过 2 根信号线可进行控制。而且，根据连接在输入的开关状态发出 4 个状态输出，由此控制电动机。另外，微型计算机的输入输出也可由比特单位（1 个输入输出端子）进行控制，在这里作为字节单位处理。

为了一边不断监视输入开关的状态一边转换输出的状态，需要**循环控制**（重复控制）。为了实现循环控制，一边不断重复监视开关状态，一边输出与按下的开关相对应的输出。也就是说，输入的 1 字节数据为(00000001)16 进 0x01 时，如输出为 1 字节数据(00000001)16 进 0x01，电动机则正转。这样，输入为(00000010)16 进 0x02 时，如输出为(00000000)16 进 0x00，电动机则停止，输入为(00000100)16 进 0x04 时，如输出(00000010)16 进 0x02，电动机则逆转。通过不断重复这样的动作可控制与输入开关相对应的电动机的正转、停止、逆转。同时，输出在输出端子的数据被保持，所以一旦数据被输出，则保持同样的动作直到下一个数据的输出。

图(b)表示的是上述控制概要的流程。顺序图中动作的流程图将开关或电磁继电器的状态按动作顺序进行了记述，在微型计算机中以这个流程图为基础，按照顺序记述程序。

- 微型计算机的输入输出控制比特单位，字节单位是可能的
- 为了无论何时都接受开关状态需要循环控制

图1 基于微型计算机的小型直流电动机的控制

1字节输入数据

输入端子	A7	A6	A5	A4	A3	A2	A1	A0
数据	0	0	0	0	0	S2	S1	S0

A7～A3：下拉常为[0]；A2～A0：开关

电动机驱动的动作模式

M1	M0	旋转动作
1	1	制动停止
0	1	正转
1	0	逆转
0	0	停止

a 小型直流电动机的控制电路举例

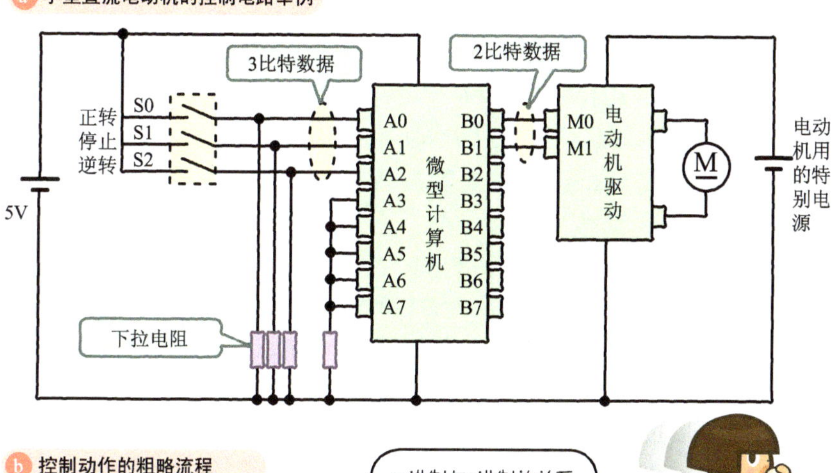

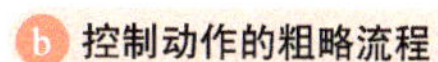

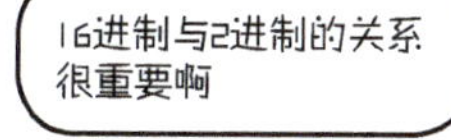

1字节数据的输入

data — 00000001时 → 正转

data — 00000010时 → 停止

data — 00000100时 → 逆转

循环控制

重复

1字节输出数据

动作	B7	B6	B5	B4	B3	B2	B1	B0	16进表示
正传	0	0	0	0	0	0	0	1	0×01
停止	0	0	0	0	0	0	0	0	0×00
逆转	0	0	0	0	0	0	1	0	0×02

B7～B2：未使用；B1～B0：连接在电动机驱动上

名词解释

0x → 0x是16进制的书写，用于程序语言

070 流程图是编程的关键

我们试着对在(069)说明过的电动机控制电路进行编程。将电动机突然从正转切换到逆转,则逆向电压与电动机的逆电动势的方向一致,驱动的输出端子会产生大的电压。因此,在转换旋转方向的时候,暂且停止电动机后增大逆向的电压。

在流程图中,在正转与逆转的流程分岔时,为了起初进行电动机的制动停止,要输出1比特数据(11)(8比特则是00000011)。维持这种状态0.5秒的是**时间函数**(预先作成函数),作为time(500)会耗费0.5秒。结束这种处理则输出正转以及逆转的数据。正转需要输出2比特数据(01),逆转需要2比特数据(10)。2比特数据(01)在8比特中为(00000001),用16进制书写则为(0x01)。

而且,输出时的程序记述为port_b=0x01。输出的0x01意味着1字节的16进制,在port_b的8个输出端子上输出(00000001),低2位的(01)用于电动机控制。

为了判断按下了连接在输出端子的哪个开关,要在输入开关状态的data中检查。也就是说,记述为if(data==0x01){}。Data中与0x01一致时,对{}中进行处理。这种情况下,第0比特的开关关闭时,则对{}中进行处理(正转数据输出)。

如上所说,用程序语言记述称为**编程序**,编程序时流程图起着重要的作用

- 编程中与2进制或16进制的关系很重要
- 流程图可用眼确认判断结果的分岔或工作的流程

图1 基于流程图（操作程序图）的软件

a 直流电动机控制的流程图与程序

从正转移向逆转或从逆转移向正转的时候，如突然转换则电动机端子会产成高电压，因此暂且制动停止后开始动作

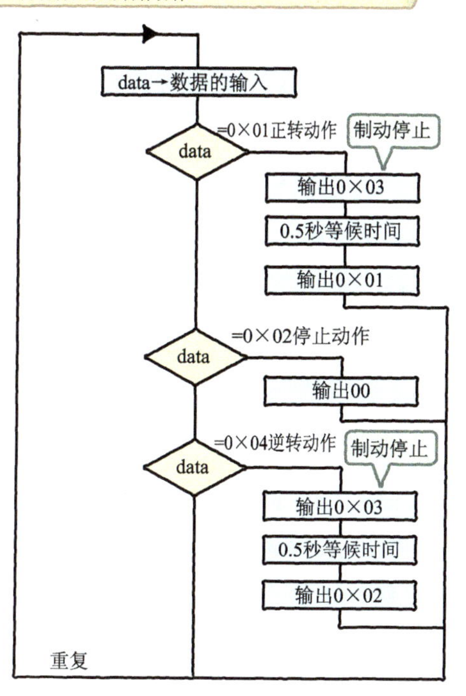

通过C语言的软件记述举例

```
while ( 1 ) {
    data = port_ a;

    if (data = = 0×01) {
        port_b = 0×03;
        time(500 );
        port_b = 0×01;
    }
    if (data = = 0×02) {
        port_b = 0×00;
    }

    if (data = = 0×04) {
        port_b = 0×03;
        time(500 ) ;
        port_b = 0×02;
    }
}
```

b 程序的说明

```
while ( 1 ) {
}
```

被重复

```
if (data = = 0×01) {
}
```

data为0×01时进入到{ }之中

```
port_b = 0×01;
```

在port_b输出0×01（00000001）

071 编完的程序翻译成计算机语言

正如到此所说明的，程序的开发可比较简单地进行。如(070)形成的程序称为**源程序**。源程序的记述我们比较容易理解，但实际上微型计算机却无法解读。因此，需要将其翻译成微型计算机可以理解的内容(2进制的程序：目标程序)。这种操作称为**编译**或**汇编**，实际进行翻译操作的软件称为**编译程序**或**汇编程序**。

使用编译程序或汇编程序，将用C语言或汇编语言记述的源程序自动翻译为微型计算机可以理解的**目标程序**。被翻译成的目标程序称为**计算机语言**，可以确认为16进制的文本文件(HEX文件)。目标程序按照一定的规则记述这种也被认为是16进制的罗列文件，所以如果是专家可以解读，但在开发程序时不需要特别的理解。我们理解的是源程序，那之后的翻译因为由编译程序或汇编程序自动地进行，所以将其作为正确的翻译内容处理。

这样做好的目标程序(HEX文件)用专用的写入设备写入微型计算机后，则开发结束，在实际运行程序后发现故障(错误)时，再次返回到源程序的阶段而进行重新编程。这种操作称为**调试功能**。我们利用的机械虽是充分进行着调试的产品，也时常会发现错误。

- 开发的基于C语言的源程序因微型计算机不能理解，需要翻译（编译）

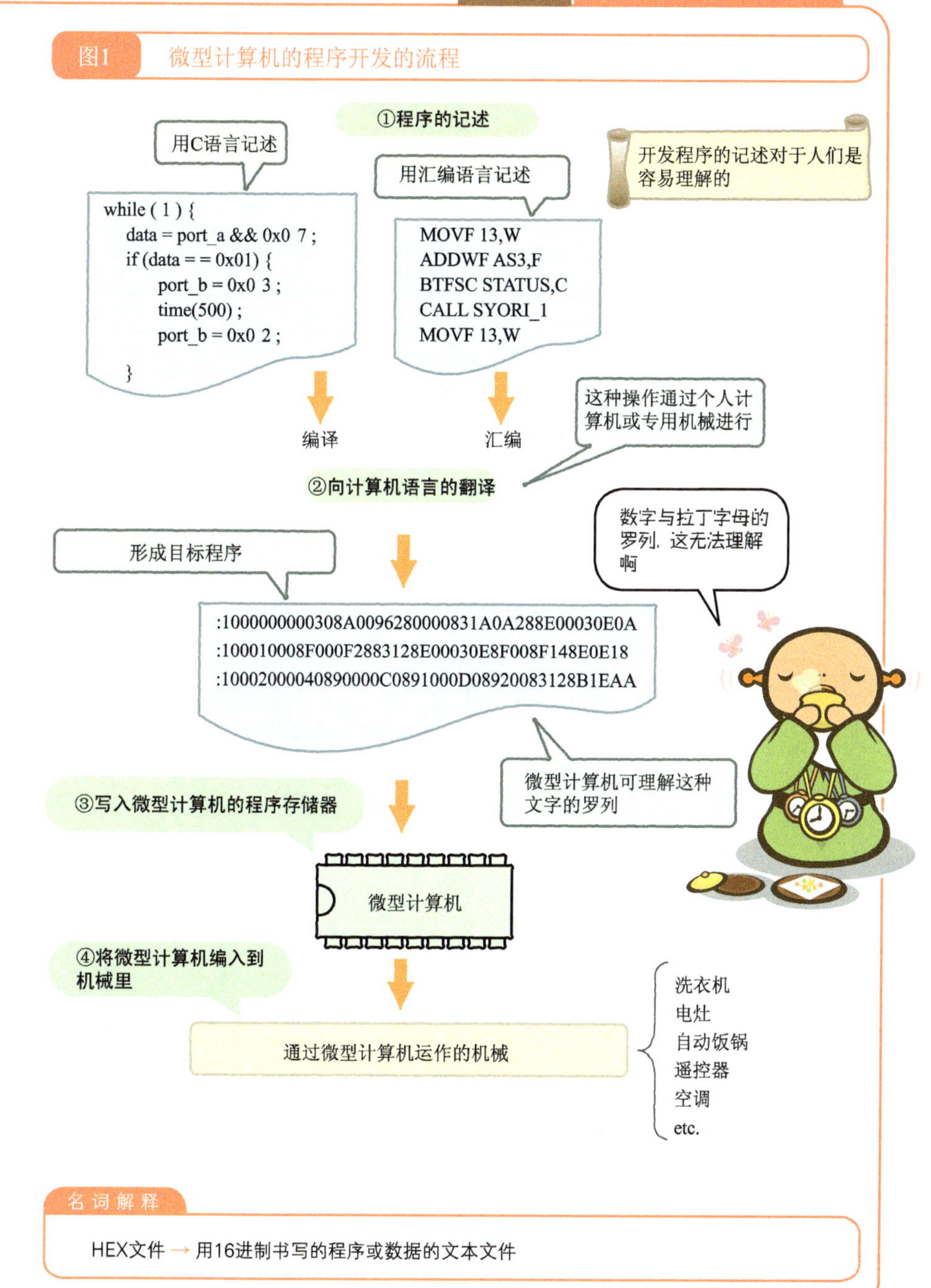

名词解释

HEX文件 → 用16进制书写的程序或数据的文本文件

072 画图可形成目标程序

微型计算机的程序开发通过C语言或汇编语言进行，最终将目标程序写入微型计算机。这一连串的开发顺序对于亲手做基于电磁继电器的继电器顺序控制的人来说是不能适应的。但是，从以顺序图为基础的称为梯形图的控制图生成程序的软件被开发出来了。**顺序图**从以前开始就被应用于控制，而且培养出很多的技术人员。通过画梯形图从而能够使用微型计算机了。

图1显示了使用梯形图开发顺序控制程序的次序。代替C语言来画梯形图，从此图要生成目标程序或助记程序。

并且，这种方法是将在第7章说明的PLC的程序开发技巧，开发微型计算机程序的同时也改善了开发环境。也就是说，微型计算机的利用范围很广，多用于台式电子计算机或个人计算机等信息处理机器或者DVD或音响组合等家电产品中，也应用于自动贩卖机或自动售票机等中，它作为通用性高的控制设备应用于信息处理设备或顺序控制以及反馈控制。因此，为了控制电磁继电器等大电力的顺序控制，内装称为**PLC**或**PC**的微型计算机的专用顺序控制设备最初就存在了。也就是说，PLC是为顺序控制而出现的，所以从梯形图形成程序的技巧通过PLC确定了下来。

- 顺序控制中有内装微型计算机的专用控制设备(PLC)

图1 通过梯形图开发程序的流程

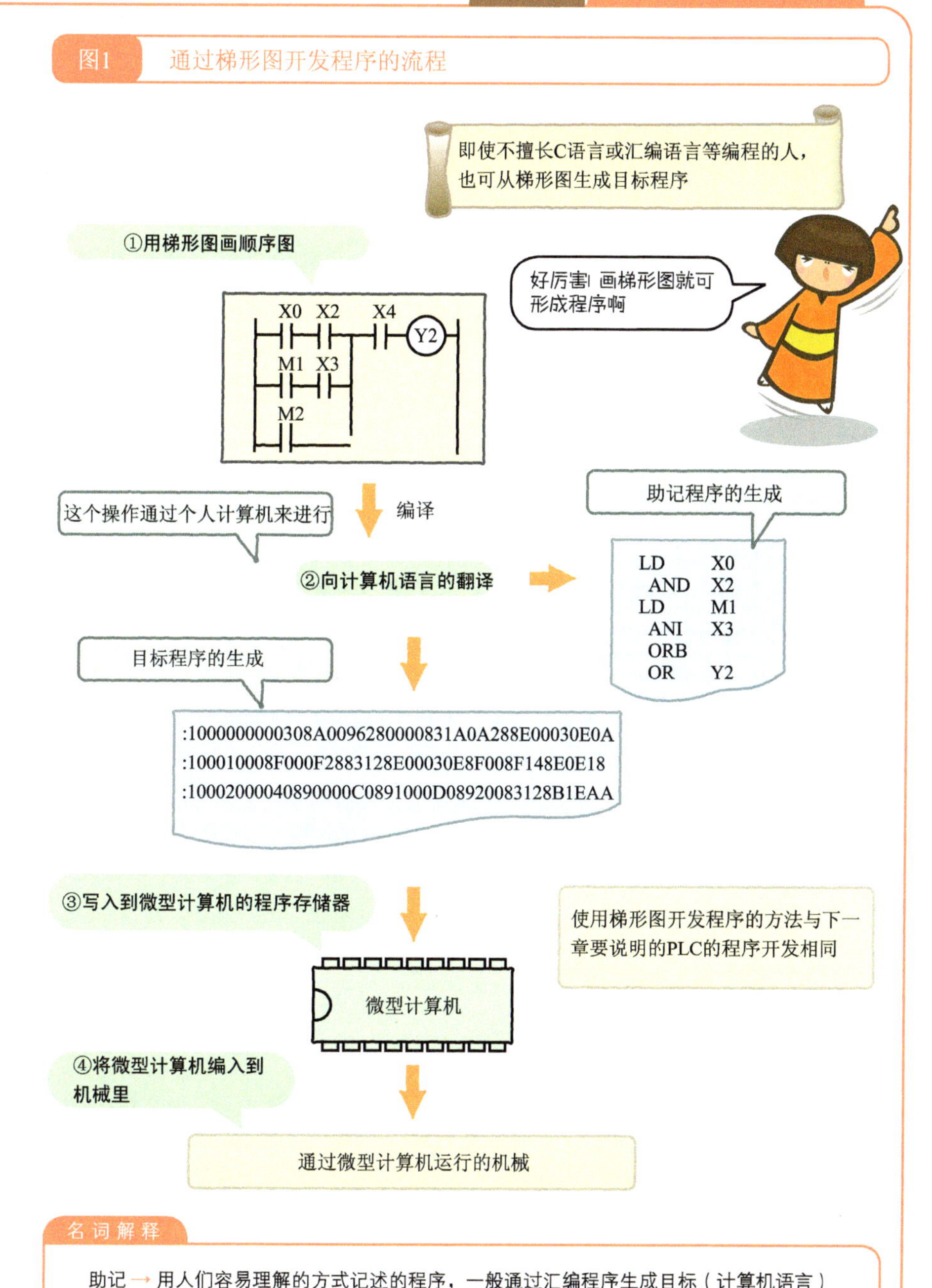

名词解释

助记 → 用人们容易理解的方式记述的程序，一般通过汇编程序生成目标（计算机语言）

073 微型计算机也可进行反馈控制

微型计算机中有内装 A/D 转换器或 D/A 转换器的微型计算机。同时，也有可直接输出 PWM 输出等脉冲控制波形的微型计算机。利用这样的功能则可对温度或速度进行微调。因此，对于模拟性的输入，在微型计算机内进行数字性的处理，并可再次输出模拟性的量。

图 1(a)显示的是小型直流电动机的速度控制。电动机的旋转速度可由编码器转换到脉冲状的波形。这时，如电动机的速度快，则在一定时间内产生的脉冲波形增加，所以脉冲波形的频率增大。将这种脉冲波连接到微型计算机的计数器输入端子上，通过计算一定时间内的数量就可知道电动机的速度。

同时，如在电动机驱动的输入端子上输出 PWM 波形，电动机的速度则由 PWM 波形的平均电压进行平稳地控制。因此，输入来自编码器的脉冲波形就可实现电动机按照一定速度运行的反馈控制。

图 1(b)显示的是交流加热器的温度控制。检测出交流加热器的温度后连接到微型计算机的 A/D 转换输入上，数字转换读取到的温度。而且，交流加热器通过进行使用 SSR(固态继电器)的相位控制可平稳地控制温度。由此通过交流加热器实现温度的反馈控制。

这样，微型计算机不光使用数字性的输入输出，使用 A/D 转换器或 PWM 波形输出等使反馈控制成为可能。

- 微型计算机因为可输入输出模拟量所以可进行反馈控制

图1 基于微型计算机的反馈控制

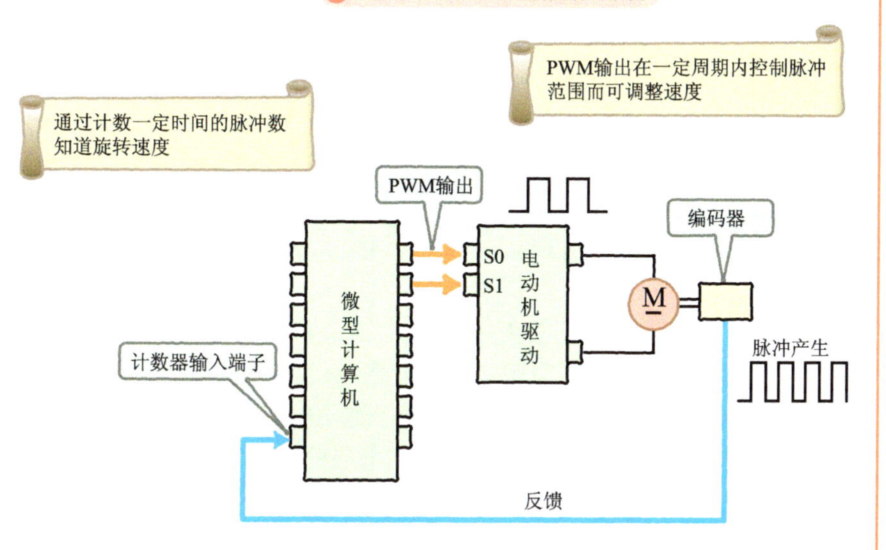

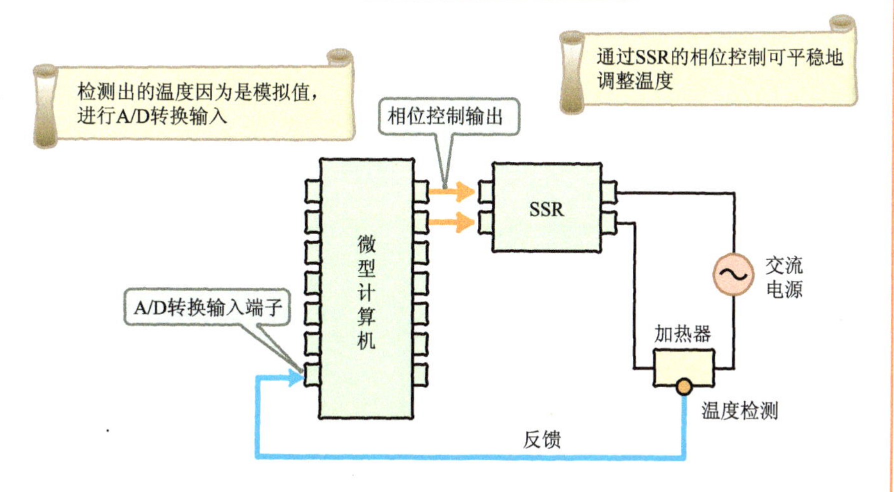

074 顺序控制的数字输入输出绝缘后使用

微型计算机带有丰富的输入端子，包括数字输入输出、脉冲输入（计数器）、PWM 输出或模拟输入输出端子（A/D 转换输入、D/A 转换输出）等。这些输入输出端子可直接连接开关或 LED 等的显示设备。关于数字输入输出，通过使用发光二极管与光电晶体管组合在一起的称为**光耦合器**的开关，因为能够进行基于光的输入输出，所以它可对电路进行电气绝缘。

图 1(a)是通过光耦合器连接输入输出电路的事例。按键开关电路与运行微型计算机的电路使用着特别电源，所以各自电源的影响则没有。同时，输出电路也通过光耦合器连接到电磁继电器的驱动电路上，微型计算机也不会受到来自电磁继电器的驱动电路的影响。这样，微型计算机作为控制电路使用，来自顺序控制中使用的开关输入或传感器的数字信号可全部通过光耦合器输入。而且，处理输入信号的结果可通过光耦合器传达到驱动电路，所以顺序控制中常进行利用光耦合器的输入输出绝缘。

图 1(b)显示了通过光耦合器绝缘输入输出后的顺序控制电路的构成。在使用微型计算机的控制电路中，连接复数开关或传感器的数字信号则可进行顺序控制。使用微型计算机时，顺序控制的动作改变由程序来操作，先考虑“使用什么”“控制什么”后连接机器。接着“怎样控制”是程序的工作。

- 数字电路通过光耦合器可绝缘

图1 基于光耦合器的输入输出电路的绝缘

a 使用光耦合器的输入输出电路的连接事例

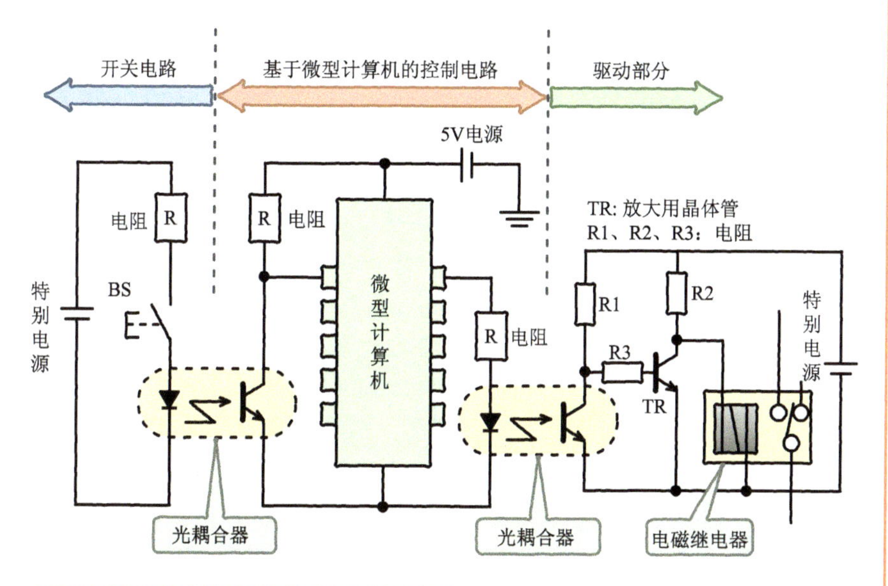

b 使用光耦合器的顺序控制电路的构成

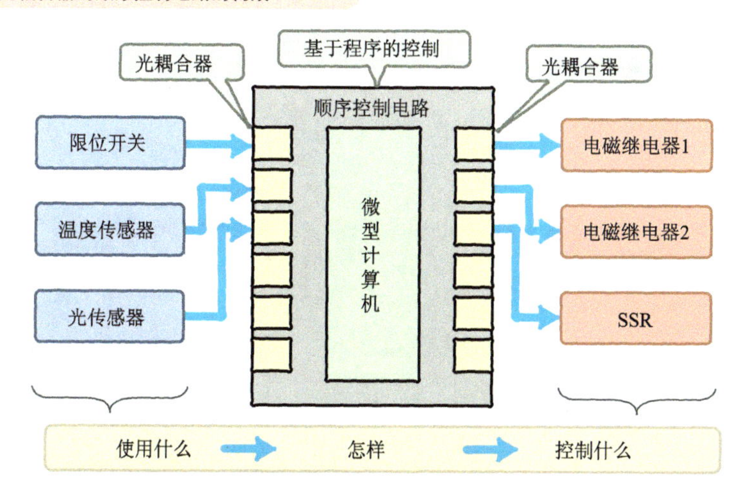

COLUMN

阿波罗 13 号也装载着微型计算机

在 20 世纪 60 年代的后半期，大规模集成电路(LSI：Large Scale Integration)诞生，计算机获得了飞跃性的进步。阿波罗 11 号是在 1969 年 7 月 21 日登上月球，所以 LSI 化的计算机的作用也非常大。特别是地上配备着几台计算机，起着模拟设备的功能。据说当时的性能为存储容量 2MB，硬盘 2GB，时钟频率 800kHz，远远低于现在的笔记本电脑的性能。

阿波罗 13 号是 1970 年 4 月 11 日发射的，是 LSI 化且信赖性提高的计算机活跃的场景。阿波罗的司令船内设置着数台 8 比特微型计算机，据说达到了现在的便携式计算机的程度。在那中间，说阿波罗 13 号为什么能返回，毕竟还要说作为模拟器运行的计算机的功劳较大。可实时进行轨道计算也是 LSI 化且信赖性提高的计算机存在的缘故。阿波罗 13 号已经装载了微型计算机，但微型计算机作为民生用品出现的是次年的 1971 年。照片在那之后在日本发售，用于教育的 8 比特微型计算机(TK-85)创造了微型计算机的大热潮。据说它与阿波罗 13 号的司令船中的微型计算机是同等水平的规格。

基于PLC的顺序控制

顺序控制中有称为PLC（Programmable Logic Controller：可编程逻辑控制器）或者程序控制器的专用控制设备。

在这里，说明这些控制设备的概要，并对利用时需要的称为梯形图的程序的记述或方法进行介绍。

075 PLC中内置微型计算机

微型计算机的输入端子连接来自开关或探测器的信号，输出端子连接电磁继电器或SSR等驱动型元件，通过这种连接，就完成了一个小型的复合型顺序控制装置。但是，微型计算机虽然在适用性方面具有较大优势，但是在用C语言或汇编语言进行程序开发方面显出其局限性。考虑到这些因素，顺序控制领域自微型计算机诞生开始，就着手研制一种能够内置微型计算机的顺序控制装置。这就是**PLC**(Programmable Logic Controller)。程序的开发方法从此就在顺序控制这块单独的领域独自地发展、成熟。

图1(a)显示了内置微型计算机的PLC概要。相信很多人看完后会想："这不就是微型计算机那玩意儿嘛"。的确，从硬件的构成来看，它和将输入输出电路安装到微型计算机上的控制电路没什么区别。而且由于微型计算机内置的缘故，顺序控制的方法都由软件构成。

与微型计算机的程序开发不同的地方在于，它从一开始就致力于开发顺序控制专用的程序语言——**梯形图语言或助记符语言**。因此，只要将编写好的梯形图语言或助记符语言直接传输到PLC，就能驱动其工作。中途省去了生成目标程序(机械语)这一个麻烦的步骤。这里要说明一点，"省去"并不是就没有这个步骤，而是在向PLC传输的过程中，通过梯形图或助记符编写的程序会自动地翻译成目标程序，因为该自动翻译功能内置在PLC中，所以无须特意操作。

- 编写PLC应用程序使用的是梯形图语言或助记符语言

图1 PLC（Programmable Logic Controller）的构成

PLC

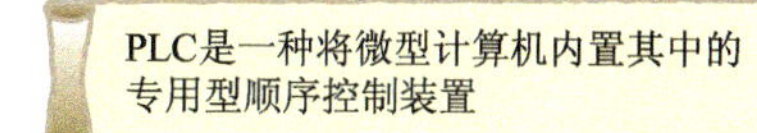

PLC的构成和程序编制

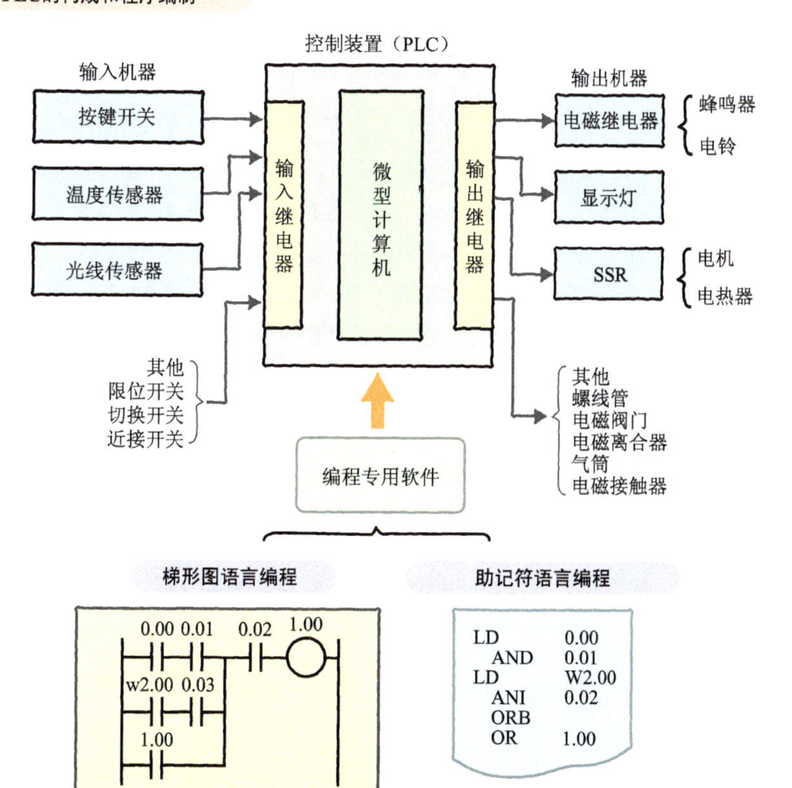

076 顺序控制图迅速变身梯形图

PLC 的程序用梯形图或助记符记录并写入 PLC 内部的存储卡中，以此驱动 PLC。梯形图的控制流程与我们在第 3 章中介绍过的继电器顺序电路流程一致。只需将顺序控制图的记录方式按规定做一点改动，就能很快变身为梯形图。

图 1(b)是一个电路顺序图，表示通过按键开关 BS0 进行自锁后、电灯(L)点亮。而 PLC 的电路连接方式，如图(a)，与顺序控制电路图完全一样。即，将按键开关 BS0(a 触点)和按键开关 BS1(b 触点)分别与输入继电器(0.00)、(0.01)相连接，并将电灯(L)与输出继电器(1.00)相连。为了区分输入继电器和输出继电器，通常需要用序号或符号加以标示。标示方法因产品不同而有所变化，本书说明均采用 OMRON 公司 SYSMAC-PC 系列序号。此外，由于允许连接输出入继电器的数量有限制，具体请参考各产品的使用说明手册。

梯形图使用输入继电器(0.00)、(0.01)、输出继电器(1.00)及其触点绘制而成；顺序控制图中的开关触点、电磁继电器线圈及触点均可如图(c)，用梯形图专用符号表示。此处顺序控制图中的电灯(L)的输出电路在梯形图中无法表示出来，只能加入标注表明“此处连接输出继电器(1.00)”。还有就是，输出继电器，像电灯或者小型电磁继电器等，在负荷较轻的情况下是可以驱动的。

- 按照一定的原则转换顺序图的记录则成为梯形图
- 电灯等的输出机械在梯形图不记录

图1 梯形图的构思过程

a 给PLC连接输入输出机器

梯形图中的记录部分（信息处理部分）

梯形图中不记录部分（驱动部分）

控制装置（PLC）

电灯 L

BS0

BS1

0.00

0.01

输入继电器

微型计算机

1.00

输出继电器

COM+

COM

机器连接PLC，就有了以下顺序控制图

将它转换成以下梯形图

b 顺序图

c 梯形图

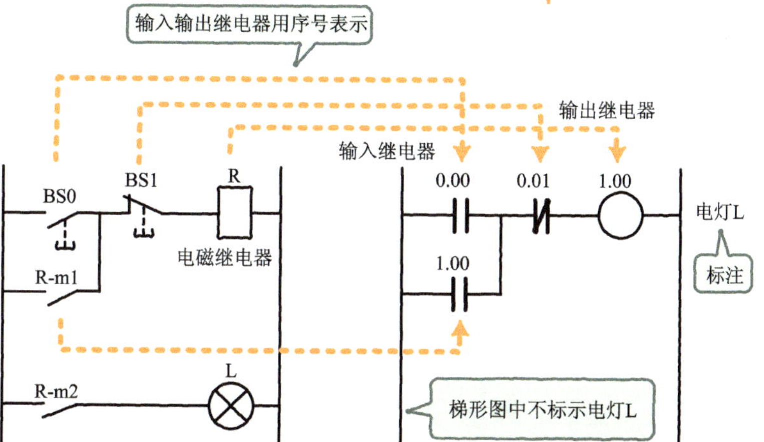

077 编写梯形图语言的基本要点

尽管将顺序图转换成梯形图比较容易，但还是有需要注意的要点。以下对这些要点进行说明。

图 1(a)是一个简单的梯形图示例。梯形图和顺序图一样，横向绘制的梯形图表示控制顺序为“从左到右”“从上到下”；纵向绘制的则表示控制顺序为“从上到下”“从左到右”。横向梯形图有以下几点注意事项：

❶ 从左侧的母线开始，经过一系列输出命令(线圈、计数器、计时器)结束

❷ 相同名字的输出继电器只能使用一次

❸ 继电器触点的使用次数不受限制

图 1(b)是一个错误梯形图示例。编制梯形图时绝对禁止的是电路从左侧母线开始后在中途分线。一般的电气电路图或顺序图可以在中间有分线，但是对梯形图来说，这是必须注意的禁止事项之一。但是如图 1(a)显示，在输出线圈的前面是可以分线的。中途有分线的电路，如果作用一样，那么还可以做一次修正。就是说，再用一次输入继电器(0.00)，将画错的图 1(b)修正成图 1(c)的样子。还有要注意的是，左侧母线上也禁止直接连接输出继电器、计数器、计时器等输出命令。一旦出现这种情况，作为补救，可以在左侧母线上连接输出继电器，或者通过其他继电器触点连接输出继电器(1.00)。再有，输出继电器的线圈、计数器或计时器等输出命令之后不可以插入触点(最后须在继电器的线圈或输出命令的地方结束)。

• 梯形图上的一个电路，从左母线开始，在继电器线圈结束

图1 编写梯形图语言的基本要点

a 正确的梯形图示例

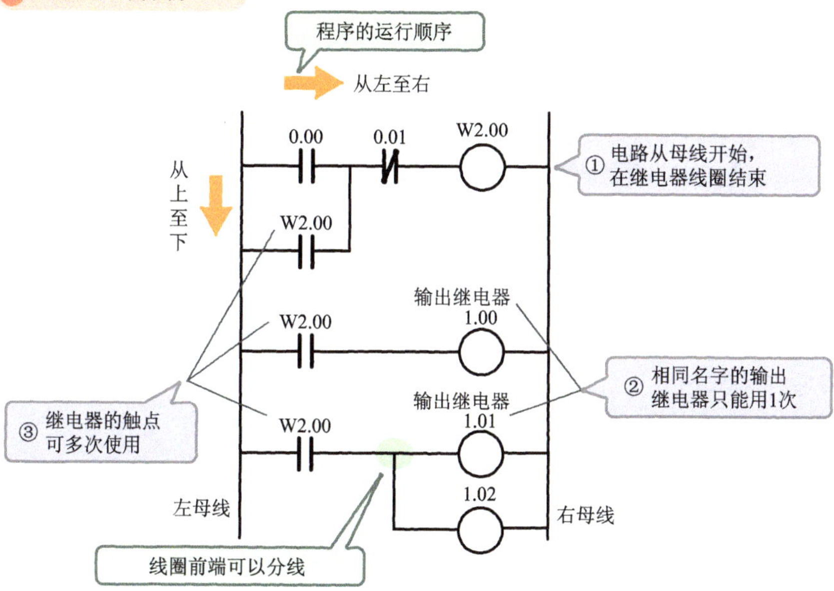

b 错误的梯形图示例

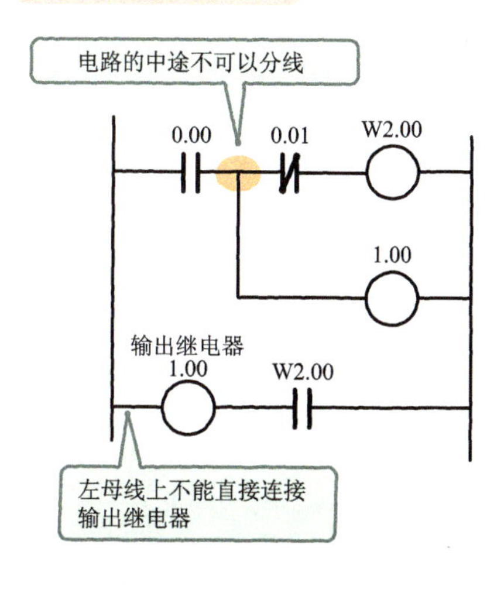

c 修正梯形图

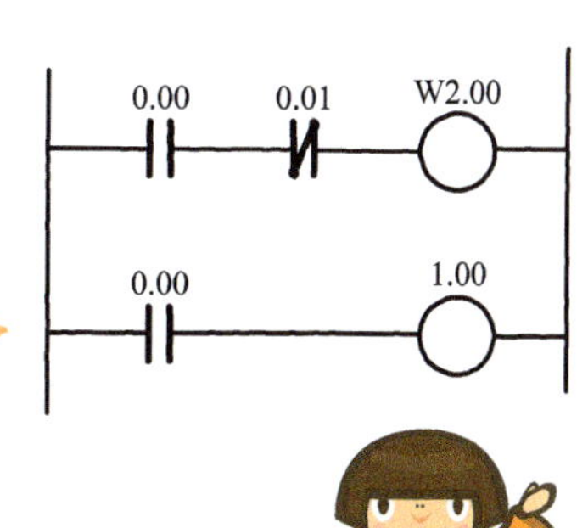

078 PLC内部专用继电器

PLC内部在梯形图中有一个可读写记忆区，叫做**I/O存储器**。I/O存储器中，有(077)中提到的输入继电器或输出继电器，还有“内部辅助继电器”、“保持继电器”、“数据存储器”、“计时器”、“计数器”等等。此外还有“特殊辅助继电器”、“条件标记”、“时钟脉冲”等。

内部辅助继电器的I/O存储器识别序号是(W)。该继电器存在于以微型计算机为中心的电路内部。它与输入输出继电器的不同之处在于，它不能当作外部的输入点来用，也无法直接驱动外部负荷，是一种只能用在程序内部的专用继电器。

保持继电器的I/O存储器识别序号是(H)。同样地，它与输入输出继电器的不同之处也在于，它不能当作外部的输入点来用，也无法直接驱动外部负荷。是一种只能用在程序内部的专用继电器。

图1(a)在(076)中介绍过，是一个自锁电路、电灯(L)被点亮的PLC电路。图1(b)则是利用内部辅助继电器达到上述要求的梯形图。关闭按键开关BS0，输入继电器(0.00)关闭、内部辅助继电器(W2.00)动作，因触点(W2.00)关闭，电路进入自锁状态。接着，通过第二个触点(W2.00)输出继电器(1.00)动作，连接着的电灯(L)被点亮。

由此可见，内部辅助继电器不能向PLC的外部输入或输出，是内部专用继电器。

图1(c)电路和图1(b)一样，只不过继电器换成了保持继电器。使用方法也和内部辅助继电器的完全一样：停电复位后，保持继电器保持着停电前的状态。

- 内部辅助继电器或内部保持继电器的触点可以反复使用
- 保持继电器在停电后仍然保持停电前的状态

图1 PLC的I/O存储器空间的利用状况

a PLC的I/O存储器空间和机器的连接范例

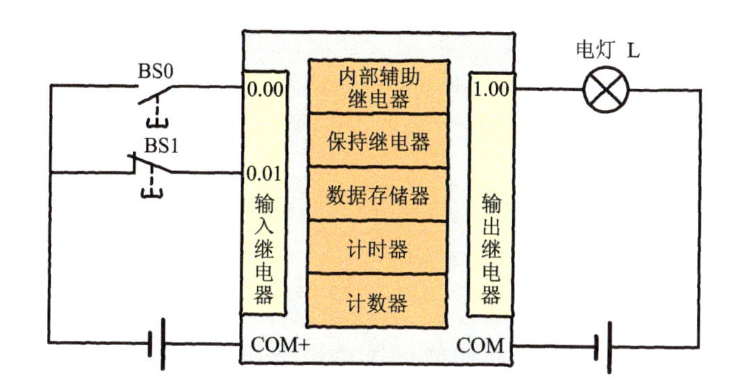

b 利用内部辅助继电器的自锁电路

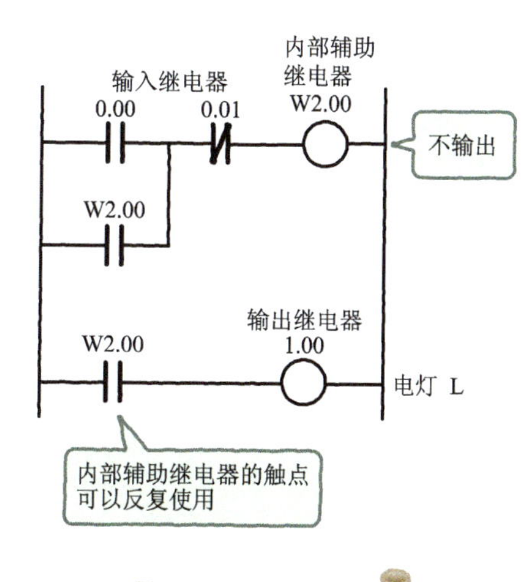

c 利用保持继电器的自锁电路

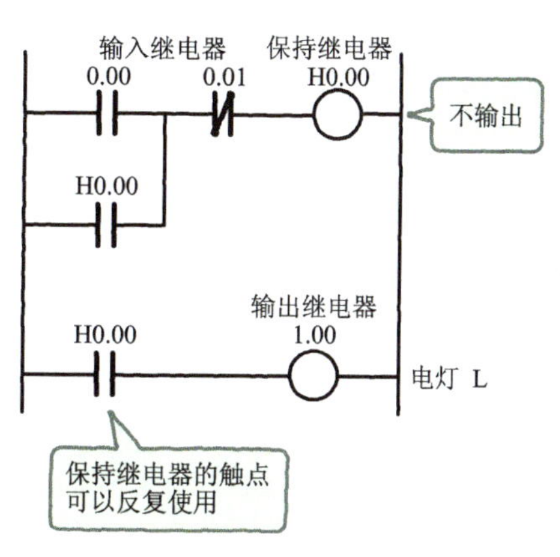

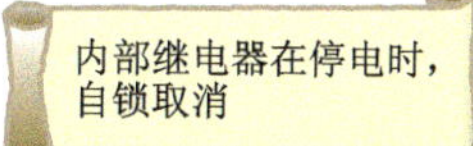

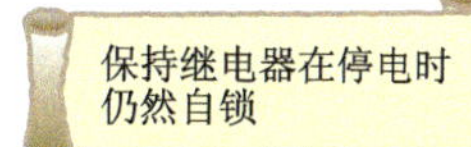

079 将梯形图转换为助记符

梯形图绘制好后，会自动生成助记符语言程序。这和 C 语言转译的情况很相似，只不过转译梯形图时是自动翻译成助记符语言的。为进一步说明这个现象，我们通过手动编译的办法(编码)将梯形图转换成助记符。

先看图 1(a)。我们利用(078)中由内部辅助继电器构成的自锁电路绘制了一个控制电灯(L)的梯形图。按照控制的基本顺序“从左至右”“从上至下”原则，梯形图的电路顺序应该从左侧的母线开始，最后在继电器的线圈结束。因此，编码动作就从这里最上面的电路(电路①)的左侧母线开始。

图 1(b)表示和左侧母线连接的继电器触点和助记符。和左侧母线连接的继电器 a 触点(0.00)的标记是“LD 0.00”。从左侧母线出发、和输入继电器(0.00)并列连接的内部辅助继电器(W2.00)的标记是“OR W2.00”。与该并联电路的右侧相连的输入继电器的 b 触点(0.01)的标记是“ANDNOT 0.01”，由于其结果从内部辅助继电器(W2.00)输出，最后成为“OUT W2.00”。

同样地，电路②中和左侧母线连接的继电器 a 触点(W2.00)的标记是“LD W2.00”，其结果从输出继电器(1.00)输出，最后成为“OUT 1.00”。换句话说就是，触点的理论演算(AND、OR、NOT)从左母线开始，最后结果应该从继电器输出“OUT”。

如果继续纵向绘制上述结果，图 1(a)助记符语言编写的程序就告完成。

- 助记符语言的编写规则是：触点的理论演算结果从继电器输出

图1 从梯形图到助记符的转换

a 将控制的流程转换成助记符语言

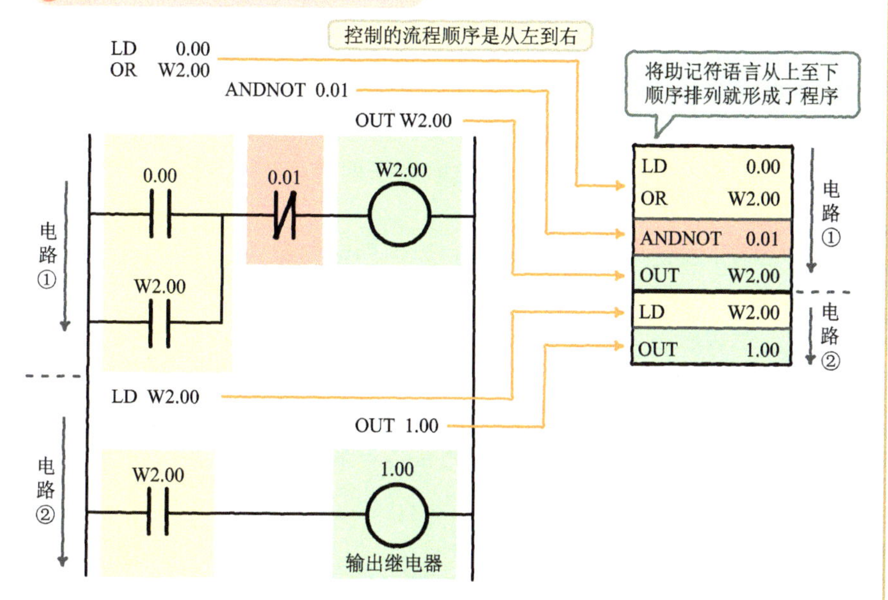

b 触点的连接和助记符语言的关系

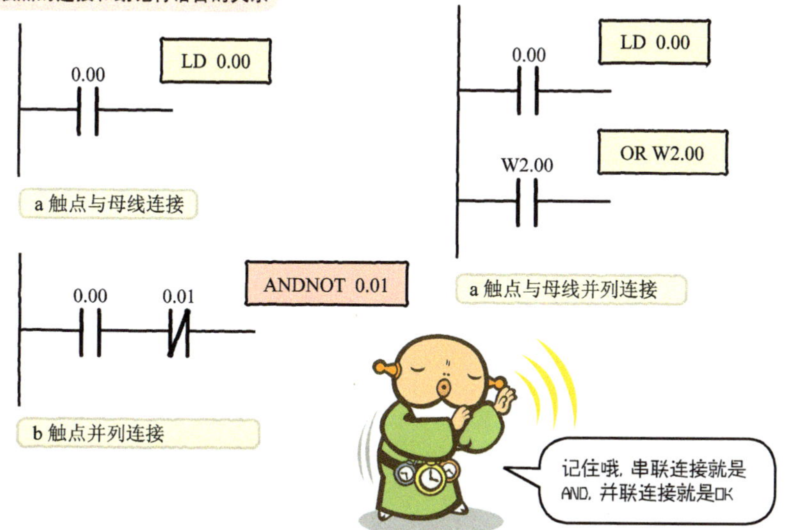

080 计时器的基本为限时计时器

计时器的基本为按下开关的期间进行计数的延时计时器。通过基于按键开关 BS0(0.00)的自锁电路，计时器动作起来，10s 后连接在输出继电器(1.00)的电灯(L)点灯的 PLC 的连接如图 1 的(a)所示。而且这个连接与(078)相同。

一旦按下按键开关 BS0，使用内部辅助继电器(W2.00)的自锁电路动作起来，在内部继电器的触点(W2.00)关闭的同时，计时器(TIM001)则动作。这种状态持续 10s，则计时器(TIM001)的触点(T001)关闭且输出继电器(1.00)动作，电灯(L)则点灯。

计时器的命令因设定值的提供方法不同有 BCD 方式与 BIN 方式 2 种。BCD 方式通过 2 进码 10 进制提供设定值。就是说，在 4 比特的 2 进制(0000)～(1111)之中，2 进码 10 进制时使用(0000)～(1001)来表示。也就是说，用 2 进制对应与 10 进制的 0～9 的数值来使用。这样做可将 16 比特的 2 进制划分为 4 个 4 比特。10 进制的 0～9 的数值会对应于每个划分，所以 10 进制中 0～9999 的数值可用 2 进制来表现。

同时，BIN 方式则用 2 进制提供设定值。这种情况下，原样使用 2 进制，4 比特的 2 进制(0000)～(1111)在 10 进制中表示为 0～15，16 比特的 2 进制则为(0000000000000000)～(1111111111111111)，如作为 10 进制则可使用 0～65536 的数值。

因此，BCD 方式的数据中记述为 #100 的情况则意味着 10 进制的 100。

- 数据或命令的记述中有BCD方式与BIN方式

图1 计时器的利用

a 向PLC的机器连接

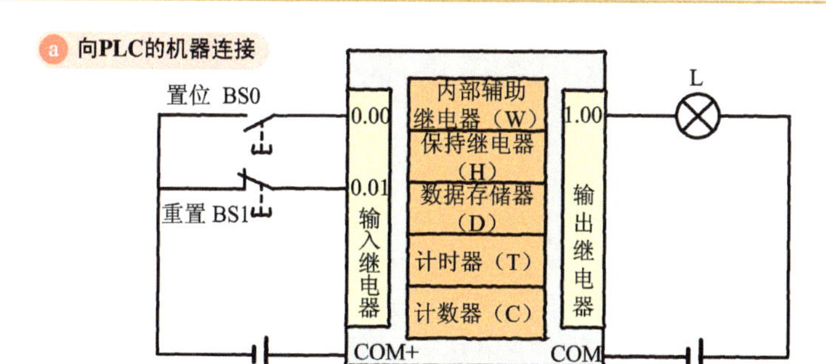

计时器的种类(根据机种不同而不同)

计时器的种类	BCD方式的命令	BIN方式的命令
100ms	TIM	TIMX
10ms	TIMH	TIMHX
1ms	TMHH	TMHHX
100ms 累计型	TTIM	TTIMX

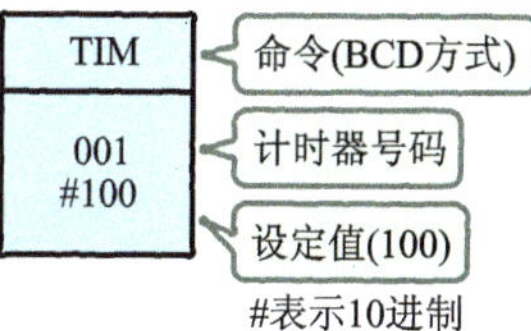

#表示10进制

按下置位输入开关BS0，10秒后电灯点灯，按下重置开关BS1则熄灯

b 梯形图与助记程序

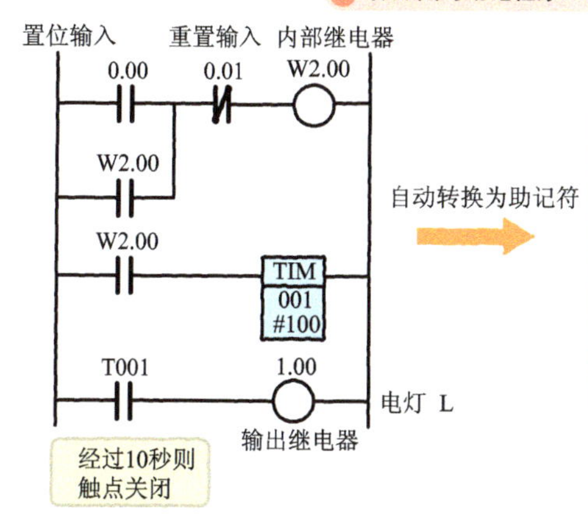

自动转换为助记符

LD	0.00
OR	W2.00
ANDNOT	0.01
OUT	W2.00
LD	W2.00
TIM	001
	#100
LD	T001
OUT	1.00

名词解释

BCD方式 → 指2进码10进制

BIN方式 → 使用2进制的书写。#后的数值表示10进制

081 计数器里带有重置输入

计数器带有称为计数端(countup flag)的 1 比特触点与计数器的当前值(16 比特)。一旦计数器的现在值与设定值相同,触点则关闭。这种用法与在第 2 章或第 3 章说明过的预置计数器相同。

计数器的 I/O 存储器中的识别符号用(C)表示,注上号码区别于其他计数器。如计数器号码重复使用相同号码且同时动作会误操作,在程序检查时则出错。同时,与计时器同样,计数器的设定值有 BCD 方式与 BIN 方式的命令,计数器以及称为**可逆计数器**的 2 种计数器各自的命令如图 1(a)的表所示。

计数器进行递增(计数值的增加),BCD 方式使用[CNT]命令,而 BIN 方式使用[CNTX]命令。

可逆计数器也称为倒数计数器,可进行递增(计数值的增加)与递减计数器(计数值的减少)的双向计数。BCD 方式使用[CNTR]命令,而 BIN 方式使用[CNTRX]命令。

这些计数器带有**重置输入**,根据来自触点的信号对 countup flag 强制进行置位或重置,但计数器的当前值无法重置。同时,计数器号码的使用或触点(a 触点、b 触点)的使用次数没有限制。而且,计数器的当前值也可作为数据读取后使用。

- 计数端 (countup flag) 虽可能强制进行置位或重置, 但计数器的当前值无法重置

图1 计数器的利用

a 向PLC的机器连接

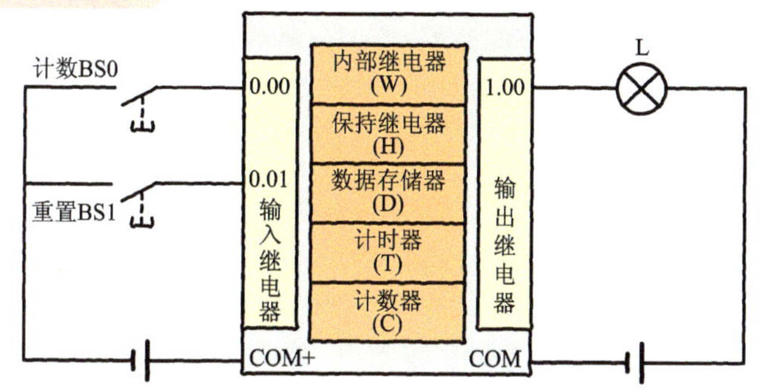

计数器的种类（根据机种不同而不同）

计数器的种类	BCD方式的命令	BIN方式的命令
计数器	CNT	CNTX
可逆计数器	CNTR	CNTRX

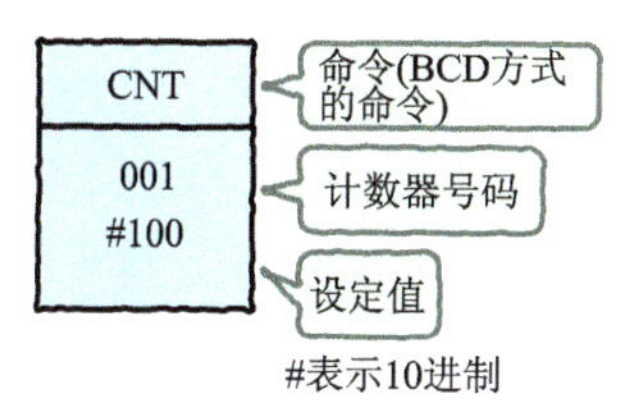

如按下计数输入开关BS0(0.00)100次，则电灯L点灯，一旦重置输入开关BS1(0.01)被按下则熄灯

b 梯形图与助记程序

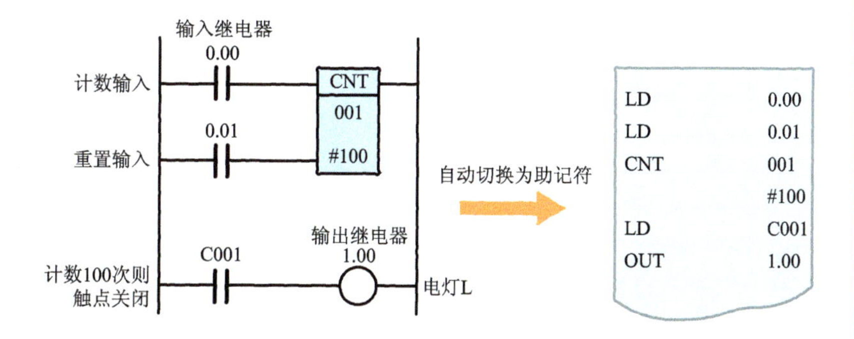

082 PLC带有数据存储器

PLC带有用16比特单位读写的数据存储器，可利用存储的数值数据。

图1的(a)表示的是装置按键开关BS0(0.00)与BS1(0.01)来控制电灯(L)的点灯时间。按键开关BS0(0.00)作为起动开关使用，按键开关BS1(0.01)用于选择时间间隔(5s或10s)。在这里，按下按键开关BS1(0.01)，根据(MOV)命令设定数值50在数据存储器(D20)，通过重复使用的计时器(100ms)50次来获得5s的时间。同样，隔开按键开关BS1(0.01)，设定数值100在数据存储器(D20)可获得10秒的时间。

如按下按键开关BS0(0.00)，输出继电器(1.00)通过计时器(TIM001)的b触点(T001)动作起来，输出继电器(1.00)被自锁。同时，计时器(TIM001)开始动作且时间计时开始。计算从数据存储器(D20)传出且被保存着的数据(50或者100)的次数，一旦计时器(100ms)的计数次数与计数值达到一致，计时器(TIM001)的b触点(T001)则打开，所以自锁电路被解除，电灯(L)则熄灯。这样，通过按键开关BS1(0.01)计算保存的次数，每次按下按键开关BS1(0.01)，电灯(L)的点灯时间则变化。

另外，即使切断电源电压，一旦电压复位，保存在数据存储器里的数据还是保持不变。

• 数据存储器可读取与加注，计数器或计时器可多次使用

图1 数据存储器的利用

a 向PLC的机器连接

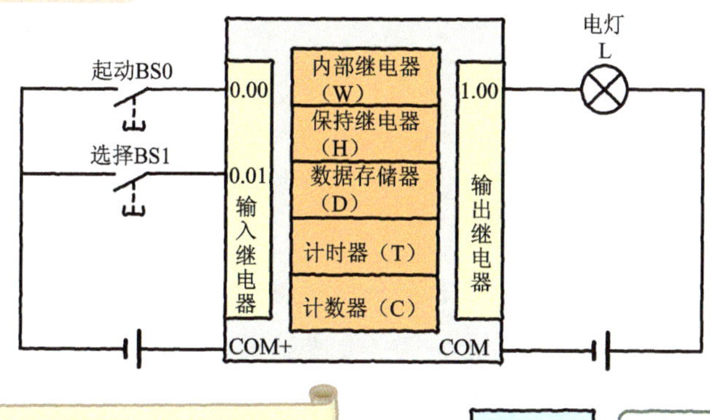

时间由使用的计时器（TIM:100ms）与其次数决定

MOV
#100
D20

转送命令

转换数据

#表示10进制

波道号

b 梯形图与助记程序

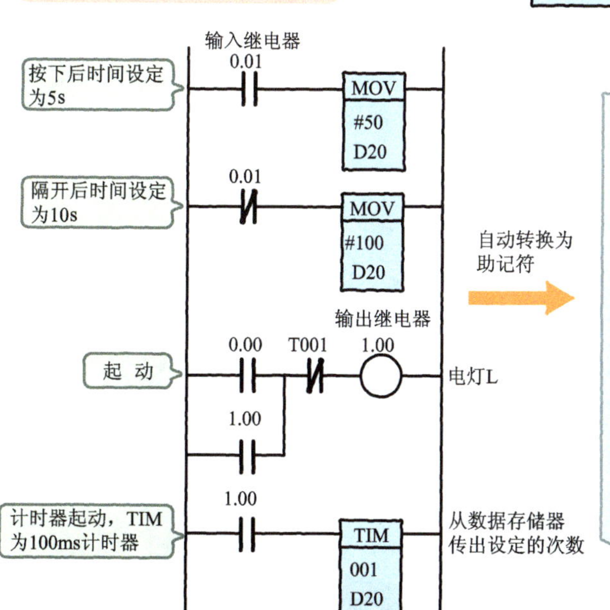

LD	0.00
MOV(021)	#50
	D20
LDNOT	0.01
MOV(021)	#100
	D20
LD	0.00
OR	1.00
ANDNOT	T001
OUT	1.00
LD	1.00
TIM	0.01
	D20

COLUMN

电子血压计是一种顺序控制

水银柱式血压计在袖带上会压迫上腕部的动脉，用听诊器一边听减压过程中产生的血管声音(柯氏音)一边测量血压，是在医院或学校的保健室才能见到的医疗器械。

血压的测量动作①袖带的加压②用听诊器听柯氏音③通过读取水银柱的压力刻度就可知道血压值。①袖带的加压使用直流电动机的小型压缩机则可能做到，而且②柯氏音使用小型微音器则可能测量，再者③血压的读取使用称为血压计的压力计可以测量。在20世纪70年代初期，开发出自动进行这些动作且数字表示血压的电子血压计而受到注目。这种电子血压计是一种顺序控制。电子血压计的诞生也是如果没有微型计算机就不可能吧。

最近，家用的电子血压计也变得常见。这种电子血压计并不是最初测量柯氏音的方式，而是在使用称为**示波法**的方式，改变为不使用微音器的方式。

照片为缠在手腕上测量血压的家用小型电子血压计。

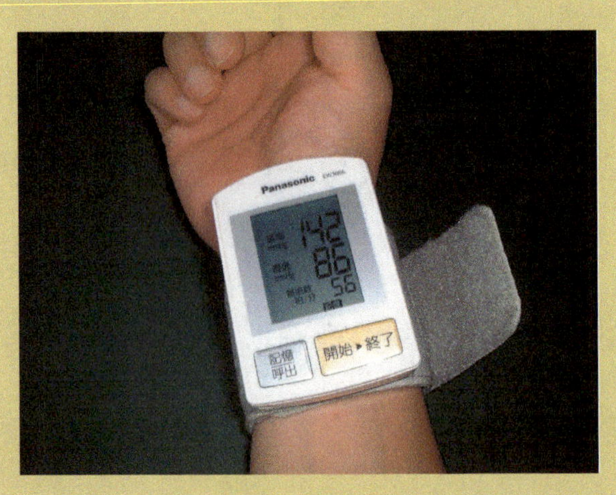

参考文献

书 籍

『CPシリーズ　CP1ECPUユニット ユーザーズマニュアル』 オムロン、2009年

『図解シーケンス制御の考え方・読み方』 大浜庄司 著（東京電機大学出版局、2002年）

『12週間でマスター PCシーケンス制御』 吉本久泰 著（東京電機大学出版局、2000年）

『マイクロコンピュータ　TK85 TRAINING BOOK』 日本電気株式会社（1980年）

『ディジタルIC実験と工作マニュアル』 北川一雄 著（オーム社、1975年）

『制御用マイコンの作り方・使い方』 北川一雄 著（オーム社、1981年）

『C言語による PICプログラミング入門』 後閑哲也 著（技術評論社、2002年）

『電子制御のためのPIC応用ガイドブック』 後閑哲也 著（技術評論社、2002年）

『電気工学ハンドブック』 電気学会 編（オーム社、2001年）

『電子計測制御』 都築泰雄、小林一夫 著（コロナ社、1994年）

『大人の科学マガジンVol.16』 湯本博文 編（学習研究社、2007年）

『「モータ」のキホン』 井出萬盛 著（ソフトバンククリエイティブ、2010年）